职业院校教学用书（电子类专业）

模 拟 电 路

（第3版）

王春莲　廖　爽　主　编

郑　严　副主编

电子工业出版社

Publishing House of Electronics Industry

北京·BEIJING

内 容 简 介

本书经全国职业院校电子类教材编审委员会评审并推荐并出版。全书共分八章：半导体二极管和三极管；晶体管交流放大器；放大电路中的反馈；直流放大电路与集成运放；低频功率放大电路；正弦波振荡电路；直流稳压电源；调制、解调与变频。每章后均有小结和习题。

本书注重职业教育的特点，重点突出，简练通俗，着重基本概念、基本分析方法等基础知识的讲解，重点在于培养学生分析问题、解决问题的能力、理论结合实际的能力和实际操作能力。

本书可作为高职、职高、中专、技校实用电子技术专业教材，也可作为其他同专业的技术培训教材，并可供技术人员参考选用。

未经许可，不得以任何方式复制或抄袭本书之部分或全部内容。
版权所有，翻版必究。

图书在版编目(CIP)数据

模拟电路/王春莲，廖爽主编. —3 版. —北京：电子工业出版社，2014.5
职业院校教学用书. 电子类专业
ISBN 978-7-121-23240-4

Ⅰ.①模…　Ⅱ.①王…②廖…　Ⅲ.①模拟电路—中等专业学校—教材　Ⅳ.①TN710

中国版本图书馆 CIP 数据核字(2014)第 100885 号

策划编辑：杨宏利
责任编辑：杨宏利
印　　刷：北京七彩京通数码快印有限公司
装　　订：北京七彩京通数码快印有限公司
出版发行：电子工业出版社
　　　　　北京市海淀区万寿路 173 信箱　邮编 100036
开　　本：787×1 092　1/16　印张：11.25　字数：288 千字
版　　次：1997 年 11 月第 1 版
　　　　　2014 年 5 月第 3 版
印　　次：2023 年 1 月第 5 次印刷
定　　价：28.00 元

前　言

职业教育的教育质量和办学效益，直接关系到我国劳动者和专门人才的素质，关系到经济发展的进程。要培养具备综合职业能力和全面素质，直接在生产、服务、技术和管理第一线工作的跨世纪应用型人才，必须进一步推动职业教育教学改革，确立以能力为本位的教学指导思想。在课程开发和教材建设上，以社会和经济需求为导向，从劳动力市场和职业岗位分析入手，努力提高教育质量。

电子工业出版社是国家规划教材出版基地，负责规划、组织并出版职业教育领域的教材。电子工业出版社以电子工业为背景，以本行业的科技力量为依托，与教研、教学第一线的教研人员和教师相结合，在职业教育领域已组织编写、出版专业教材 2000 余种，受到了广大职业学校师生的好评，为促进职业教育做出了积极的努力。

随着科学技术水平日新月异，计算机和电子技术的发展更是突飞猛进，而职业教育直接面向社会、面向市场，这就要求教材内容必须密切联系实际，反映新知识、新技术、新工艺和新方法。好的教材应该既要让学生学到专业知识，又能让学生掌握实际操作技能，而重点放在学生的操作和技能训练方面。在这一思想指导下，电子工业出版社根据《职业教育法》及劳动部颁发的《职业技能鉴定规范》，在教育部等相关部门的领导下，会同电子行业的专家、教育教研部门研究人员以及广大职业学校的领导和教师，在深入调查研究的基础上，制定了两个专业的指导性教学计划。该计划强调技能培养，充分考虑各学校课程设置、师资力量、教学条件的差异，突出了"宽基础多模块、大菜单小模块"灵活办学的宗旨。

新版教材具有以下突出的特点：

1. 发挥产业优势，以本行业的科技力量为依托，充分适应职业学校推行的学业证书和职业资格证书的双证制度，突出教材的实用性、先进性、科学性和趣味性。

2. 教材密切反映电子技术的发展，不断推陈出新。实用电子技术专业教材突出数字化、集成化技术。

3. 教材与职业学校开设的专业课程相配套，注意贯穿能力和技能培养于始终，精心安排例题、习题，在把握难易、深广度时，以易懂、广度优先，理论原理为操作技能服务，够用即可。

4. 教材的编写一改过去又深又厚的模式，突出"小模块"的特点，为不同学校依据自己的师资力量和办学条件灵活选择不同专业模块组合提供方便。

5. 本次修订照顾到知识的系统性、完整性，又克服了内容庞杂，篇幅过长等问题，从职业院校的教学实际和考工需要(参照家用电子产品维修工职业技能鉴定规范)重新编写了"模拟电路"，保证了电路知识的系统性、连贯性，较广泛的适用性和较强的针对性。

随着教育体制改革的进一步深化，加之科学技术的迅猛发展，编写职业技术学校教材始终是一个新课题。希望全国各地职业学校的广大师生多提宝贵意见，帮助我们紧跟职业教育和科学技术的发展，不断提高教材的编写质量，以便更好地为广大师生服务。

本书由北京市实美职业技术学校廖爽和甘肃畜牧工程职业技术学院王春莲任主编，王春莲编写了第 1~4 章，大庆职业学院郑严编写了第 5~7 章，廖爽编写了第 8 章及实验和附录部分，并对全书进行统稿工作。

由于编者水平有限，书中错误和不妥之处在所难免，恳请读者批评指正。

编者

2014 年 2 月

目 录

第1章
半导体和半导体管

半导体器件是组成半导体电路的核心元件。它具有体积小、重量轻、寿命长等优点，在电子技术中得到了广泛的应用。半导体器件的特性和参数关系着电路的性能，学习模拟电路必须先了解半导体器件的工作原理，掌握其特性和参数。本章只讨论二极管和三极管。

1.1 半导体基础知识

1.1.1 导体、绝缘体和半导体

物质按其性能可分为三类。导电性能良好的物质称为导体，例如金、银、铜、铝、铁等。几乎不导电的物质称为绝缘体，例如陶瓷、橡胶、塑料、玻璃等。导电性能介于导体和绝缘体之间的物质称为半导体。制作半导体器件的常用材料有半导体硅和锗。

半导体中存在着两种导电的粒子，叫做载流子，一种是带负电荷的自由电子，另一种是带正电荷的空穴。载流子在外电场的作用下可作定向移动形成电流。半导体材料得到广泛的应用，是因为它的导电能力具有独特的性质：其一是，纯净的半导体受热或受光照时，其导电率会显著增加。其二是，在纯净半导体材料中掺入微量的"杂质"元素，其导电率会成千上万倍地增长。

1.1.2 半导体材料分类

1. 纯净半导体

纯净半导体又称为本征半导体，这种半导体只含有一种原子，并且原子按一定规律整齐排列。例如：单晶硅和单晶锗等都是纯净半导体。它们在常温下，载流子数量少，导电率低，导电性能差。随着纯净半导体所处环境温度上升，载流子的浓度按指数规律增加。由此可见，温度对纯净半导体材料导电性能影响很大。

2. 杂质半导体

为了控制半导体的导电性能，在纯净半导体中掺入微量有用的杂质元素所形成的半导体，称为杂质半导体。利用杂质半导体可制成半导体器件。根据掺入杂质元素的不同，杂质半导体可分为两类。

（1）N 型半导体：

在纯净的单晶硅或单晶锗中掺入微量的五价磷元素所得到的杂质半导体称为 N 型半导体，如图 1-1（a）所示。在 N 型半导体中，自由电子是多数载流子，空穴是少数载流子，因此又称其为电子型半导体。

（2）P 型半导体：

在纯净的单晶硅或单晶锗中掺入微量的三价硼元素所得到的杂质半导体称为 P 型半导体。在 P 型半导体中，空穴是多数载流子，自由电子是少数载流子，因此又称其为空穴型半导体。

N 型半导体和 P 型半导体中的多数载流子的浓度主要取决于掺入杂质元素的多少，少数载流子的浓度取决于温度的影响。

1.1.3　PN 结及其单向导电性

1. PN 结的形成

应用半导体制造工艺把一块半导体加工成一半 N 型半导体一半 P 型半导体时，二者的界面两边产生很大的载流子浓度差。因为 P 型区内空穴载流子浓度高，N 型区内自由电子浓度高，所以界面处载流子由浓度高处向浓度低处扩散，结果在 P 型半导体和 N 型半导体交界面上形成一个特殊的薄层，即 PN 结，所形成的电场称为 PN 结电场。由于 PN 结内的电子与空穴中和而无载流子，所以 PN 结又叫"耗尽层"，如图 1-1 所示。

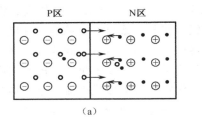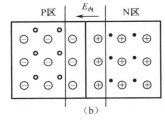

图 1-1　PN 结的形成

2. PN 结的单向导电性

（1）外加正向电压 PN 结导通：

在 PN 结两端加正向电压，即 P 区接电源正极，N 区接电源负极，如图 1-2（a）所示。在外加正向电压的作用下 PN 结变窄，有利于扩散运动的进行。多数载流子在外加电压作用下将越过 PN 结形成较强的正向电流，这时的 PN 结处于导通状态。

（2）外加反向电压 PN 结截止：

在 PN 结两端加反向电压，即 P 区接电源负极，N 区接电原正极，如图 1-2（b）所示。在外加反向电压的作用下 PN 结变宽，阻碍多数载流子的扩散运动。少数载流子在外加电压作用下形成微弱电流，由于电流很小，可忽略不计，所以 PN 结处于截止状态。

应当指出，少数载流子是由于热激发产生的，所以 PN 结的反向电流与温度有关，必须注意较大的温度变化会对半导体器件有影响。

综上所述，PN 结具有正向导通（呈低电阻）、反向截止（呈高电阻）的导电特性，这叫做 PN 结的单向导电性，其导电方向是由 P 区到 N 区。

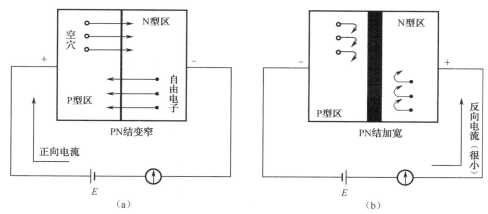

图 1-2　PN 结的单向导电特性

1.2　半导体二极管

1.2.1　半导体二极管的结构

半导体二极管一般由一个 PN 结和两条引出线组成，将其封装在一个密封的壳体中。二极管构成如图 1-3（a）所示，P 区引出线为二极管正极，N 区的引出线为二极管负极。二极管在电路中的符号如图 1-3（b）所示，图中箭头方向为二极管单向导电时的电流方向。在现行国际标准中，二极管用 VD 表示。二极管的外形如图 1-3（c）所示。一般在二极管的外壳上标有图形符号，有的用标有黑环或色点的一端来表示二极管的负极，对于符号不明的二极管可用万用表欧姆挡来判断。

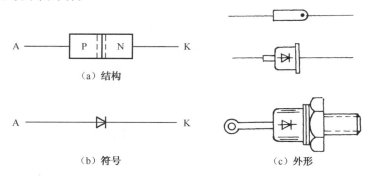

（a）结构

（b）符号　　　　　　　　（c）外形

图 1-3　二极管构造示意图、电路符号和外形图

1.2.2　二极管的伏安特性

通过二极管中的电流与其两端外加电压的变化规律，可应用如图 1-4 所示的测试电路测试。根据测出的电压及与之对应的电流数值描绘出电流随电压变化的曲线，称为二极管的伏安特性曲线。

二极管的型号很多，参数不尽相同，但它们的伏安特性曲线的形状大致相似。二极管的伏安特性曲线如图 1-5 所示。

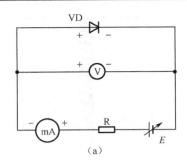 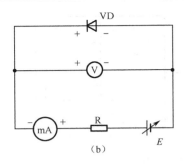

图 1-4　二极管伏安特性曲线测试电路

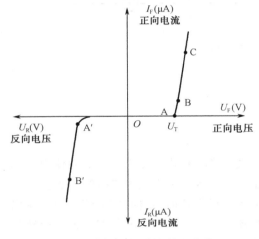

图 1-5　二极管伏安特性曲线

1. 正向特性

正向伏安特性如图 1-5 纵轴即 I_F（mA）轴右侧部分所示，图中 0A 段为正向死区，AC 段为正向导通区。

（1）正向死区：

当二极管两端电压为零时电流也为零，逐渐加大二极管两端的电压，只要 $U_F < U_T$（U_T 为二极管的死区电压，也叫门限电压），PN 结不导通，二极管中正向电流 I_F 近似为 0，管子对外呈高阻。这像一个门坎，当二极管两端电压不断增大，跃过这道门坎时，电流随电压的增大而快速增大，故称为门限电压。门限电压的大小随管子的材料和温度的不同而变化。在室温下，一般硅管的 U_T 在 0.6V 左右，锗管的 U_T 在 0.2V 左右。

（2）正向导通区：

当外加电压大于门限 U_T 时，电流随电压增加而增加。在 AB 段，电流与电压呈非线性关系，曲线是弯曲的，这段曲线所对应的区域叫做二极管的非线性区。BC 段曲线很直，电流 I_F 随电压 U_F 的增加按线性关系急速加大。BC 段所对应的区域叫做二极管的线性区。在二极管正常使用的电流范围内，二极管的正向压降 U_F 基本保持不变。硅二极管正向压降 U_F 在 0.7V 左右，锗二极管的正向压降在 0.3V 左右。正向导通时，二极管对外呈低阻。

2. 反向特性

当二极管两端加反向电压时，伏安特性曲线分为反向截止区和反向击穿区两部分。

（1）反向截止区：

图 1-5 所示 0A′ 段为反向截止区。当加在二极管两端的反向电压逐渐增大而又小于某一数值时，二极管中的电流很小，该电流叫反向饱和电流 I_S。硅管的 I_S 为微安级，锗管的 I_S 是硅管 I_S 的数十倍。二极管对外呈很高的内阻，处于反向截止状态。A′点所对应的电压叫反向击穿电压，不同类型和不同材料制成的二极管的反向击穿电压是不同的。

（2）反向击穿区：

当外加反向电压超过反向击穿电压时 PN 结被击穿，反向电流 I_R 突然剧增，曲线 A′B′段很陡。二极管失去了单向导电性能。如果被电压击穿的管子又因电流过大而引起了热击穿，管子将被烧毁造成永久性损坏。在实际应用中要特别注意，不能让二极管承受过高的反向电压。需要指出的是，发生击穿并不意味着二极管被永久性损坏。当反向击穿时，注意控制反向电流的数值不使其过大，以免因过热而烧坏 PN 结；当反向电压降低时，PN 结的性能可以恢复正常。稳压二极管就是利用 PN 结的这种特性制成。

1.2.3　温度对二极管特性的影响

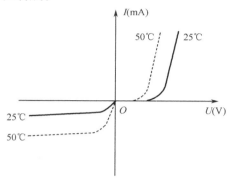

在不同温度下二极管伏安特性曲线如图 1-6 所示。

当温度升高时，半导体本征激发加剧，少数截流子数量增加，使正向特性曲线左移，反向特性曲线下移。

正向特性曲线左移说明要获得相同的正向电流，二极管的正向压降随温度升高而减小。当温度每升高 $1℃$ 时，正向压降大约降低 $2mV$。

反向特性曲线下移说明温度升高时反向电流增大。当温度每升高 $10℃$ 时，反向电流大约增加一倍。

图 1-6　温度对二极管特性的影响

1.2.4　二极管的主要参数

要正确使用二极管必须了解二极管的参数，其参数由厂家给定，二极管主要参数有：

（1）额定整流电流 I_F：

额定整流电流是指二极管长时间工作时允许流过二极管的最大正向平均电流。在使用时的工作电流一般不得超过 I_F 值，否则将会引起 PN 结过热而损坏管子。

（2）额定反向电压 U_R：

额定反向电压是指二极管使用时所允许加的最大反向电压，一般手册上给出的 U_R 是反向击穿电压的一半。

（3）反向电流 I_R：

反向电流是指二极管在一定温度下加反向电压时的反向电流值。I_R 越大，表明二极管单向导电性能越差。

不同型号的二极管参数不同，通常用二极管的型号表示制造二极管所用的材料、性能和用途。

1.2.5　二极管的开关特性

在电子技术中，利用二极管的正、反向特性使二极管工作在开或关状态，其电路如图 1-7所示。在图（a）中，当硅二极管两端所加的正向电压大于 0.7V 时，VD 导通，二极管可等效为一个接通状态的开关 S 和 0.7V 电源串联。若是锗二极管，其正向导通时，可等效为开关 S 和 0.2V 电源串联。图（b）中，二极管承受反向电压，VD 截止，二极管等效为一个处于断开状态的开关 S。应当指出的是，二极管承受的反向电压 U_R 值要在二极管允许范围之内。

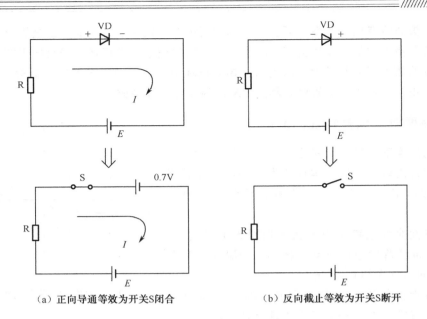

（a）正向导通等效为开关S闭合　　　　　　（b）反向截止等效为开关S断开

图 1-7　硅二极管简化开关等效电路

1.3　硅稳压二极管

1.3.1　稳压管的电路符号、伏安特性及稳压作用

　　当外加的反向电压大到一定数值以后，通过二极管的反向电流会急剧增加，这叫做击穿现象。对于普通二极管来说，由于电流过大可能使二极管损坏而失去单向导电性能，但是利用击穿时通过管子的电流在很大范围内变化，而管子两端的电压却几乎不变的特性可以实现"稳压"。硅稳压管就是用硅材料通过特殊工艺处理之后，使其得到很陡峭的反向击穿特性，用之稳压的二极管。

　　稳压管常用的图形符号如图 1-8 所示。图中 m 端是它的正极，n 端是它的负极，与普通二极管正好相反，因此稳压管正常工作时 PN 结需要加反向电压。

　　稳压管的伏安特性曲线如图 1-9 所示。其正向特性与普通硅二极管相同，反向特性在击穿区比普通硅管更陡。在正常工作时，稳压管的稳压范围在特性曲线的 A 点到 B 点之间，其工作电流一般约几毫安到几十毫安。从图中可以看到，虽然通过稳压管的电流发生了很大的变化（ΔI_z），但稳压管两端的电压（ΔU_z）却变化很小，这就体现了稳压作用。

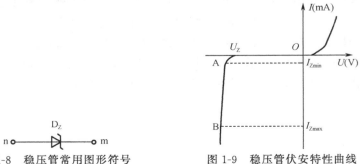

图 1-8　稳压管常用图形符号　　　　　图 1-9　稳压管伏安特性曲线

1.3.2　稳压二极管的主要参数

1. 定电压 U_z

稳定电压 U_z 是稳压管的反向击穿电压，是稳压管正常工作时其两端所具有的电压值。不同型号的稳压管 U_z 的值不同，即使同一型号的管子该值也具有一定的分散性。例如一个 2CW21A 稳压管的 U_z 值是 4V～4.5V 之间的某一确定值，2CW7D 的 U_z 值是 6V～7.5V 之间的某一确定值。在使用和更换稳压管时一定要对具体的管子进行测试，看其稳压值是否合乎要求。

2. 稳定电流 I_z

I_z 是稳压管正常工作时电流的参考值。它是稳压管两端保持正常稳定电压 U_z 值时制造厂的出厂测试电流。这个参数只是作为应用时的参考依据，在实际电路中，稳压管中的工作电流到底选多大还要根据具体情况来考虑。

3. 最大稳定电流 I_{Zmax}

I_{Zmax} 又称最大工作电流，即稳压管允许通过的最大反向电流。它是稳压管的重要指标。稳压管在工作时的电流应小于这个值，否则管子将因电流过大而发热损坏。

4. 最小稳定电流 I_{Zmin}

I_{Zmin} 是稳压管进入正常稳压状态所必须的起始电流，实际电流小于此值时，稳压管因未进入击穿状态而不能起到稳压作用。

5. 最大耗散功率 P_{Zmax}

P_{Zmax} 是稳压管在反向击穿工作时 PN 结所能承受的最大功率值。它与最大稳定电流的关系是 $P_{Zmax}=U_z I_{Zmax}$。稳压管实际消耗的功率等于稳定电压 U_z 与稳定电流 I_z 的乘积，即 $P_z=U_z I_z$。P_z 只能小于 P_{Zmax}，否则将造成稳压管的损坏。

6. 动态电阻 r_Z

当流过稳压管的电流发生变化时，它两端的电压变化量与电流变化量之比称为稳压管的动态电阻或内阻，即

$$r_z = \Delta U_z / \Delta I_z$$

稳压管的内阻越小，说明电流变化时其两端电压变化也小，即稳压性能好，选择管子时宜选择内阻 r_Z 小的稳压管。

7. 电压温度系数 X_Z

当环境温度变化时，稳压管的击穿电压将产生微小的变化。一般常用电压温度系数来表示稳压管的温度稳定性。其定义式为

$$X_z = \frac{\Delta U_z}{U_z \Delta T} \, 100\% \ （1/℃）$$

其中 ΔT 代表温度的变化量。X_Z 反映温度每变化 1℃稳压管稳定电压的相对变化量。该值越小稳压性能受温度影响越小，即温度特性越好。一般 U_Z 为 5V～6V 的稳压管其 X_Z 值约等于零，U_Z 值大于 6V 的管子其 X_Z 值为正，而 U_Z 值小于 5V 的管子其 X_Z 值为负。因此，选用 5V～6V 的稳压管能得到较好的温度稳定性。

1.4　发光二极管、光敏二极管

1.4.1　发光二极管

半导体发光二极管是一种把电能变成光能的特种器件，当给它通过一定电流时会发光。半导体发光二极管简称 LED。

1. 发光二极管的电路符号及工作原理

发光二极管的电路符号如图 1-10 所示。应用时加正向电压。

图 1-10　发光二极管电路符号

发光二极管和普通二极管一样，管芯由 PN 结组成－具有单向导电的特性。当给 PN 结加正向电压后，致使 P 区的空穴注入至 N 区，N 区的电子注入至 P 区，相互注入的电子和空穴相遇后即产生复合，由于这些少数载流子在结的注入和复合而产生辐射发光。每一复合的晶体发射一粒光子。这就是发光二极管的基本原理。

发光二极管的发光波长主要决定于所使用的半导体材料。不同的材料其电子和空穴复合时释放出的能量大小不同，释放出的能量越大，发出的光波长越短，频率越高。发光二极管的发光波长除与使用材料有关外，还与制造时 PN 结所掺杂质有关。

2. 发光二极管的伏安特性

发光二极管伏安特性曲线如图 1-11 所示。

发光二极管的伏安特性曲线与普通二极管相同。由于发光二极管类型和使用半导体材料的差异，在不同的电流 I_F 时，它的正向压降 U_F 值不同。

在施加正向电压小于工作电压时，在 PN 区呈现较大电阻值，电流很小，一般称作正向死区。当施加电压增大至某一值时，发光二极管导通，此时正向电

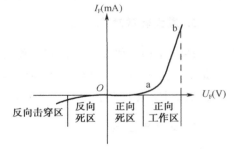

图 1-11　发光二极管伏安特性曲线

流 I_F 增大，称作正向工作区。如施加反向电压，未达到反向击穿电压时，它的伏安特性称作反向死区；增加反向电压至发光二极管击穿时的电压值，这时伏安特性曲线的区域称作反向击穿区。

3. 发光二极管的主要参数

发光二极管的特性主要包括电学和光学两类。电学参数中有最大工作电流、正向电压、反向电流、反向耐压及击穿电压等，这些参数的意义和普通二极管相同，不再赘述。光学参数有发光波长、发光亮度和发光强度、角分布等。对光学参数我们不作专门分析，在此仅强调和介绍两个电学参数。

（1）最大工作电流 I_{Fmax}：

I_{Fmax} 是发光二极管在正常工作时允许通过的最大电流值。在使用时，发光二极管的正向工作电流不得超过此值，否则管子发热易于烧坏或导致发光度下降和缩短使用寿命。

（2）响应时间：

发光二极管的响应时间是描述光信号随电信号变化快慢的参数，即启亮与熄灭的延迟时间。发光二极管启亮特性与工作电流 I_F 有关，I_F 增大，启亮时间呈指数衰减，而熄灭时间与 I_F 无关。不同种类的发光二极管响应时间不同。

4. 发光二极管的特点及种类

发光二极管具有体积小、功耗低、寿命长、响应快和机械强度高，并且能和各种电路相结合的特点，可以作为高速开关光源、光通信和测距的光源以及光电自动控制系统和光电显示装置的光电控制和显示用器件。

发光二极管种类很多，概括地说可分为两大类：发红外光的（人眼看不见）砷化镓（GaAs）发光二极管；发可见光的发光二极管，其中有磷砷化镓（GaAsP）发光二极管可发出红色光，磷化镓（GaP）发出的光是绿色光，如在镓砷磷化合物中注入锌杂质可生成从红到黄之间的各种颜色。

1.4.2　光敏二极管

1. 光敏二极管的电路符号及工作原理

光敏二极管是将光信号转变为电信号的器件，它的电路符号如图 1-12 所示。光敏二极管在反向电压下工作。

光敏二极管具有不同于普通二极管的结构特点，它的 P 区做得很薄，且在管壳有一个能透过射入光线的窗口，光通过窗口透镜聚焦正好照射在管芯上。

图 1-12　光敏二极管电路符号

光敏二极管在反向电压下工作，当不受光照射时其反向电阻很大，通过它的电流很小。如硅光敏二极管在反向电压 50V 时的漏电流为 $0.1\mu A$。这种反向漏电流是少数载流子在外加电场的作用下产生漂移运动而形成的。由于这种少数载流子的数目很少，因此反向漏电流就很小。当管芯受到光的照射时，光能被 PN 结所吸收，并将能量转交给电子，激发出电子和空穴对。在反向电压作用下，这些光生载流子参加导电，因为光生载流子比原来 PN 结的少数载流子多得多，所以 PN 结在光的照射下，反向电流显著增加。这个电流称为光电流，它的大小与光照的强度及波长有关。这就是光敏二极管把光信号转变为相应的电信号的工作原理。

2. 光敏二极管的主要特性参数

（1）最高工作电压 U_{Rmax}：

U_{Rmax} 是硅光敏二极管在无光照条件下，反向漏电流不超过一定值（一般不超过 $0.1\mu A$）时所能承受的最高反向电压，此值越高管子性能越稳定。

（2）暗电流 I_D：

I_D 是指光电二极管在无光照时和最高工作电压下通过管子 PN 结测得的反向漏电流。

暗电流小的管子工作性能稳定，检测弱光信号的能力强。

（3）光电流 I_L：

I_L 是硅光敏二极管在最高工作电压下受一定光照时所产生的电流，一般希望此值越大越好。

3. 光敏二极管的类型和用途

硅光敏二极管有两种类型，一种是由 N 型高阻硅单晶制成 2CU 型；另一种是由 P 型高阻硅单晶制成 2DU 型。硅光敏二极管主要用于自动控制、触发器、光电耦合器等电路中，作为光电转换器件用。

1.5 半导体三极管

半导体三极管又称晶体三极管（简称三极管或晶体管）。半导体三极管是放大电路的核心元件，它的特点是在一定的电压条件下具有电流放大作用。

1.5.1 三极管的结构、电路符号及类型

三极管由两个 PN 结组成，有三根引出线，是具有三个电极的半导体器件。管子的三个电极分别叫发射极、基极和集电极，用字母 e、b 和 c 表示。

三极管的类型：按三极管所用的半导体材料来分，有硅管和锗管两种；按三极管的导电极性来分，硅管和锗管均有 NPN 型和 PNP 型两种；按三极管的频率来分，有低频管和高频管两种（工作频率大于 3MHz 以上的为高频管）；按三极管的功率来分，有小功率管和大功率管（功率在 1W 以上的为大功率管）。

常用的三极管有 PNP 型锗合金管和 NPN 型硅平面管。它们的结构示意图及电路符号如图 1-13 所示。

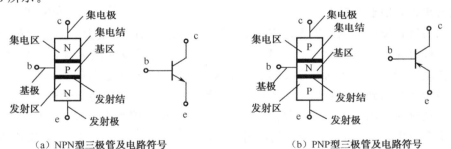

（a）NPN型三极管及电路符号　　　　　　（b）PNP型三极管及电路符号

图 1-13　三极管结构示意图及电路符号

PNP 型锗合金管是在高温下把很薄的 N 型锗片两边烧结两个 PN 结，从浓度大的 P 型区引出发射极，另一个 P 型区引出集电极，很薄的 N 型锗片引出基极。

NPN 型硅平面管是利用扩散的方法，先在 N 型硅片上做出一块 P 型区，然后再在这块 P 区内通过扩散制成一块高掺杂的 N 型区。从硅片引出集电极，中间的 P 型区引出基极，小块 N 区引出发射极。

如图 1-13 中所示，不论是 NPN 型三极管还是 PNP 型三极管都具有两个 P N 结，分别叫发射结和集电结；都形成三个区域，分别叫发射区、基区和集电区；都有三个电极。图中

的电路符号有箭头的是发射极，以便与集电极相区别。PNP 型和 NPN 型两种管子在图形符号上的区别是发射极的箭头方向不同，箭头方向表示发射结正向接法时的电流方向。在 PNP 型管中，箭头向内，因为发射区是 P 型半导体，它发射出空穴注入基区，所以电流是从发射区流向基区。在 NPN 型管中，箭头向外，因为发射区是 N 型半导体，它发射出电子注入基区，所以电流是从基区流向发射区（电流方向与电子运动方向相反）。

另外，在制造三极管时总是通过工艺措施保证基区很薄，集电结的面积大于发射结的面积，发射区的半导体在掺杂时浓度高于集电区。具备上述内部结构特点的三极管在满足外界电压条件时就具有电流放大作用。

由于硅三极管在工业上应用较多，所以我们下面将以 NPN 型硅三极管为主来进行讨论，所得结论和公式对 PNP 型三极管也适用，但在分析和使用 PNP 管时要注意它的电压和电流方向与 NPN 管是相反的。

1.5.2　三极管的电流放大作用

1. 具有放大作用的基本条件

前面讲到三极管具有电流放大作用是由它的内部结构特点和外部电压条件两者所决定的，在结构特点确定的情况下，它的电压条件是"发射结正偏，集电结反偏"。通常给 PN 结加正向电压称做正向偏置，简称正偏；加反向电压称做反向偏置，简称反偏。三极管放大电路不论采取哪种管型和哪种电路形式都要满足这个基本条件。

2. 电流放大作用及电流分配关系

给三极管的两个 PN 结加上电压，然后测量三个极电流，从这些电流之间的关系来看三极管的电流放大作用。

三极管各极电流测量电路如图 1-14 所示，在 b、e 两极之间接上电源 E_B，给发射结加正向电压（或叫正向偏置）；在 e、c 两极之间接电源 E_C，给集电结加反向电压（或叫反向偏置）。

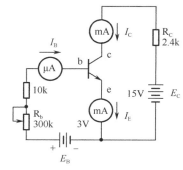

图 1-14　三极管各极电流测量电路

在给两个 PN 结加电压时，流过三极管各电极的电流称为三极管电流，分别用 I_B、I_C 和 I_E 表示。调节电阻 R_b 使 I_B 取不同的值，并将对应的 I_C 和 I_E 的值记录在表中。

三极管电流测量数据：

I_B（mA）	0.01	0.02	0.03	0.04	0.05
I_C（mA）	0.56	1.14	1.74	2.33	2.91
I_E（mA）	0.57	1.16	1.77	2.37	2.96

分析表中的数据可得出如下结论：

（1）三极管的发射极电流等于集电极电流与基极电流之和。三极管就像一个结点一样，流入三极管的电流等于流出三极管的电流，三极管各电极的电流满足 $I_E = I_B + I_C$ 的关系。$I_C \gg I_B$，$I_E \approx I_C$。

（2）I_B 变化时，I_C 也跟着变化，I_C 受 I_B 控制，例如 $I_B = 0.01\text{mA}$ 时，$I_C = 0.56\text{mA}$；$I_B = 0.02\text{mA}$ 时，$I_C = 1.14\text{mA}$。

（3）I_C 与 I_B 的比值几乎是一个常数，即 I_C 与 I_B 成线性关系，例如 $I_B=0.01\text{mA}$ 时，$I_C/I_B=56$；$I_B=0.02\text{mA}$ 时，$I_C/I_B=57$。

（4）I_B 的微小变化引起 I_C 的较大变化，I_C 的变化量 ΔI_C 受 I_B 的变化量 ΔI_B 的控制，例如 $\Delta I_B=0.02-0.01=0.01\text{mA}$ 时，$\Delta I_C=1.14-0.56=0.58\text{mA}$，$\Delta I_C/\Delta I_B=58$。

（5）ΔI_C 与 ΔI_B 的比值几乎是一个常数，即 ΔI_C 与 ΔI_B 成线性关系。

综上所述，三极管在一定的外界电压条件下所具有的 I_C 受 I_B 控制且二者成线性关系的特性称为三极管的直流电流放大作用，而 ΔI_C 受 ΔI_B 控制且二者成线性关系的特性称为三极管的交流电流放大作用。三极管三个电流在数值上的关系称为三极管的电流分配关系。

1.5.3　三极管放大的概念和三种联接方式

图 1-15　放大器方框图

三极管的主要用途之一是用来构成放大器。所谓放大器是利用晶体三极管的电流放大作用把微弱的电信号放大到所要求的数值。放大器的方框图如图 1-15 所示。从图中可以看出，构成放大器必须有四个端子。两个输入信号的端子简称输入端，以引入要放大的信号；两个输出的端子简称输出端，把放大了的信号输送到负载。三极管有三个电极，在构成放大器时只能提供三个端，因此必有一个电极要作为输入和输出的公共端。当把三极管的发射极做公共端时构成的放大器为共发射极电路，相应的还有两种联接方式，即共基极电路和共集电极电路，如图 1-16 所示。

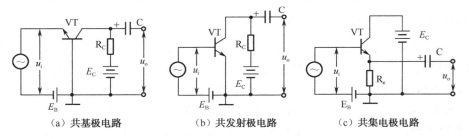

（a）共基极电路　　　　　　（b）共发射极电路　　　　　　（c）共集电极电路

图 1-16　三极管的三种联接方式

三极管的三种联接方式中以共发射极电路最常用，因此，后面讨论的内容将以共发射极电路为主。

1.5.4　三极管的伏安特性曲线

三极管各电极的电压和电流之间的关系可以用伏安特性曲线来表示。从应用三极管的角度来说，了解伏安特性曲线是很重要的。根据特性曲线可以确定三极管参数和判断三极管的质量，此外还可以在曲线上面作图，分析三极管的放大性能。三极管特性曲线主要有两种：输入特性曲线和输出特性曲线。对共发射极连接的三极管，这两种特性可用图 1-17 所示电路进行测试。

1. 输入特性曲线

输入特性曲线是指以输出电压 U_{CE} 作参考量时，输入电流 I_B 与输入电压 U_{BE} 之间关系的曲线。

测试时，首先固定 U_{CE} 为某值，然后改变 E_B，测量相对应的 I_B 和 U_{BE} 值。表 1-1 中是分别选定 U_{CE} 为 0V 和 2V 时所测量的三极管输入特性的测试数据，根据这两组数据可绘制出两条输入特性曲线。测试出的输入特性曲线如图 1-18 所示。

表 1-1　三极管输入特性测试数据

U_{CE}（V）	I_B（mA）	0	0.02	0.04	0.06	0.08	0.1
0	U_{BE}（V）	0	0.55	0.61	0.63	0.65	0.67
2	U_{BE}（V）	0	0.7	0.72	0.73	0.74	0.75

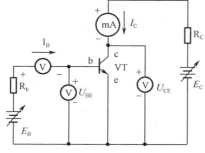

图 1-17　三极管特性曲线测试电路

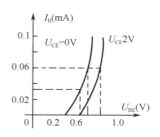

图 1-18　三极管输入特性曲线

根据输入特性曲线的形状可得出如下结论：

（1）每条曲线的形状相似，同样也是由死区、非线性区和线性区三部分组成。

（2）改变参考量 U_{CE} 时曲线形状基本不变，曲线位置随 U_{CE} 增加向右平移。

（3）当 U_{CE} 大于 1V 以后曲线基本不变，因此只要测试一条 $U_{CE} > 1V$ 的输入特性就可以代表其他更大的 U_{CE} 值时的情况。

在实际应用中，一般只作 $U_{CE} = 2V$ 的一条输入特性曲线即可。

2. 输出特性曲线

输出特性曲线是指以输入电流 I_B 做参考量时输出电流 I_C 与输出电压 U_{CE} 之间关系的曲线。

测试时，先固定 I_B 为某值，然后改变 E_C，测量相对应的 I_C 和 U_{CE} 的值。表 1-2 中是 I_B 分别为四个电流值时所测量的数据，根据这几组数据可绘制出输出特性曲线族，如图 1-19 所示。

表 1-2　三极管输出特性测试数据

I_B（mA）	U_{CE}（V）	0	1	2	3	4	5
0.2	I_C（mA）	0	3	6	8	9	9.5
0.4	I_C（mA）	0	9	12.5	15	17	18.5
0.6	I_C（mA）	0	10	16	21	25	27
0.8	I_C（mA）	0	12	21	28	32	35

现在讨论一下输出特性：

（1）当 $U_{CE} = 0$ 时，$I_C = 0$，即曲线通过坐标原点。

（2）当 $I_B = 0$ 时，$I_C \approx 0$，这是输出特性最低的那条曲线。

（3）I_B 固定为某值，U_{CE} 从零开始增加时输出电流 I_C 迅速增加，这是特性曲线的起始

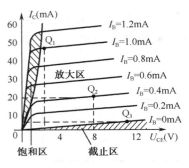

图 1-19 三极管输出特性曲线

上升部分。

（4）当 U_{CE} 继续增加并超过某一数值（饱和电压）后，I_C 的增加明显变慢，此时 I_C 可近似看成基本不变，这是特性曲线的平直部分。平直段基本上与横坐标轴平行。

（5）当 I_B 不同时，曲线的平直部分作上下移动。随着 I_B 加大，I_C 也相应增加，使曲线上移；反之使曲线下移。这说明 I_C 主要由 I_B 所决定，此时欲增大电流 I_C，必须增大电流 I_B，这体现了 I_B 对 I_C 的控制作用。

（6）具有相近特性的所有曲线构成一个曲线族，通常把它分为截止区、饱和区、放大区三个区域，每个区域对应 PN 结的不同偏置状态，其各自的特点是：

截止区：$I_B=0$ 输出特性曲线以下的区域，如图 1-19 所示。在这个区域内，$U_{BE}\leqslant0$，$I_B\leqslant0$，三极管两个 PN 结均处于反向偏置状态，因其不满足放大条件，所以没有电流放大作用，各极电流几乎均为零。

饱和区：每条曲线拐点连线左侧的区域，如图 1-19 所示。在这个区域内的三极管两个 PN 结均处于正向偏置状态，此时的三极管也没有电流放大作用。

放大区：每条曲线的平直部分所构成的区域，如图 1-19 所示。在该区域内的三极管满足发射结正偏、集电结反偏的放大条件，具有电流放大作用。曲线平直段之间的间隔大小能够反映基极电流对集电极电流的控制能力（即放大作用）的大小。曲线间的间隔越大，表示在一定 ΔI_B 下，ΔI_C 就越大，即电流放大系数越大；反之，曲线间的间隔越小，放大系数就越小。在曲线族中间的部分地区，曲线平坦而且几乎等距离，说明在此范围内放大系数几乎不变。

1.5.5 三极管的主要参数

1. 电流放大系数

三极管的电流放大系数是反映三极管电流放大能力强弱的参数。根据工作状态的不同，在直流和交流两种情况下分别用符号 $\overline{\beta}$ 和 β 表示。

（1）共发射极直流电流放大系数 $\overline{\beta}$：

$$\overline{\beta}=I_C/I_B \qquad U_{CE}=常数$$

（2）共发射极交流电流放大系数 β：

$$\beta=\Delta I_C/\Delta I_B \qquad U_{CE}=常数$$

$\overline{\beta}$ 与 β 的定义是不同的，但当三极管工作频率不太高时二者数值近似相等。放大系数越大，三极管的放大能力越强，但衡量三极管性能优劣并不是放大系数越大越好。

2. 反向饱和电流

（1）集电极—基极反向饱和电流 I_{CBO}：

反向饱和电流 I_{CBO} 为三极管射极开路时，从集电极到基极的电流。该电流是 PN 结的反向电流，因此具有数值小但受温度变化影响较大的特点。

（2）穿透电流 I_{CEO}：

穿透电流 I_{CEO} 为三极管基极开路时，集电极与发射极之间加上规定电压从集电极到发射极之间的电流。在输出特性曲线上，它对应 $I_B=0$ 时的曲线，此时的 $I_C=I_{CEO}$，与集电极－基极反向饱和电流 I_{CBO} 有如下关系：

$$I_{CEO}=(1+\bar{\beta})I_{CBO}$$

穿透电流 I_{CEO} 是衡量三极管质量好坏的重要参数之一，其值越小越好。

3. 极限参数

极限参数是三极管工作时所不能超越的数值界限，它不仅是关系着三极管的性能，更主要的是关系着三极管的安全。

（1）集电极最大允许电流 I_{CM}：

当 I_C 过大时，电流放大系数 β 将下降，使 β 下降至最大值的 1/2 时的 I_C 值定义为集电极最大允许电流 I_{CM}。

（2）反向击穿电压 BU_{CEO}：

当集电极开路时，发射极-基极间的反向击穿电压 BU_{EBO} 一般在 5V 左右。

当发射极开路时，集电极-基极间的反向击穿电压 BU_{CBO} 一般在几十伏以上。

当基极开路时，集电极-发射极间的反向击穿电压 BU_{CEO} 通常比 BU_{CBO} 小些。

（3）集电极最大允许耗散功率 P_{CM}：

集电结耗散功率若超过 P_{CM} 值，集电结过热，使管子性能变坏或烧毁。图 1-20 中有一条用虚线描出的曲线，这条曲线上的任何一点其对应的 I_C 与 U_{CE} 的乘积都等于 P_{CM}，故称其为等损耗线。等损耗线的左下侧为安全工作区。等损耗线右上侧为过损耗区，是不安全区，三极管工作不允许进入这个区域。

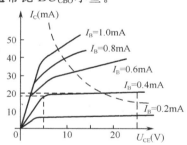

图 1-20　输出特性曲线

1.5.6　三极管参数与温度的关系

环境温度变化时，对晶体三极管的参数 I_{CBO}、U_{BE}、β 均有影响。

（1）温度变化对集电结反向饱和电流 I_{CBO} 的影响：

实验表明，I_{CBO} 与温度（℃）成指数关系，温度每增加 10℃，I_{CBO} 增大一倍。显然，穿透电流 I_{CEO} 受温度影响更加敏感。通常硅管优于锗管（即：硅管的 I_{CBO} 受温度的影响小于锗管）。

（2）发射结压降 U_{BE} 受温度变化的影响：

实验表明，U_{BE} 温度系数为 −（2～2.5）mV/℃，即温度每升高 1℃，U_{BE} 将减小 2mV～2.5mV，有负的温度系数。

（3）电流放大系数 β 受温度变化的影响：

实验表明，电流放大系数 β 随温度升高而增大，温度每升高 1℃，β 增加 0.5%～1.0%。

1.6　场效应晶体管

场效应管是利用电场效应来控制半导体中多数载流子运动的半导体器件。它不仅具有一般晶体管的体积小、重量轻、耗电省、寿命长等特点，而且还具有控制端基本上不需要电流，且具有受温度、辐射等外界条件影响小，便于集成的优点。场效应管有结型和绝缘型两大类。下面分别介绍这两种管子的类型、特性和主要参数。

1.6.1　结型场效应管

1. 符号和分类

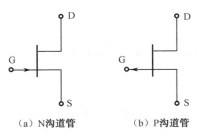

（a）N沟道管　　（b）P沟道管

图 1-21　结型场效应管符号

结型场效应管的电路符号如图 1-21 所示，它的三个电极分别叫漏极（用 D 代表）、栅极（用 G 代表）和源极（用 S 代表）。D 极与三极管的 c 极相对应，G 极与 b 极对应，S 极与 e 极对应。

结型场效应管按沟道来分可以分为 P 沟道和 N 沟道两种类型。在电路符号中用箭头方向区别。N 沟道与 P 沟道的工作原理是相同的，分析时以 N 沟道管共源极接法为例，而换成另一种管子时只需将相应的电流和电压方向改变。

2. 伏安特性曲线

场效应管的基本特性是转移特性（输入特性）和输出特性（漏极特性）。

（1）转移特性曲线：

反映栅源之间电压 U_{GS} 与漏极电流 I_D 之间关系的曲线称之为转移特性曲线，它以漏源之间电压 U_{DS} 做参考量。转移特性曲线如图 1-22（a）所示，它有以下特点：

第一，曲线在纵轴左侧，说明栅源之间加的是负电压，即 $U_{GS} \leqslant 0$，这是 N 沟道管正常工作的需要。

第二，随参考量 U_{DS} 增加，曲线向左上方平移，形状基本不变，但当 U_{DS} 大于某一值后曲线重合。

（2）输出特性曲线：

反映漏源之间电压 U_{DS} 与漏极电流 I_D 之间关系的曲线称为漏极特性曲线，它以栅源之间电压 U_{GS} 做参考量。输出特性曲线如图 1-22（b）所示，它有以下特点：

第一，每条曲线的变化情况都是相同的即上升、平直和再次上升。

第二，参考量 U_{GS} 改变时曲线形状基本不变，但随着 U_{GS} 绝对值的增加曲线向下移动。

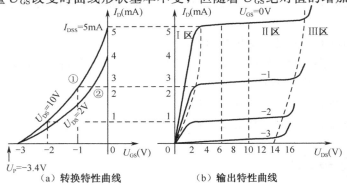

（a）转换特性曲线　　　　（b）输出特性曲线

图 1-22　N 沟道结型场效应管的伏安特性曲线

第三，曲线分为三个区域：

Ⅰ区，称为可变电阻区，它是由每条曲线的上升段组成的。在这个区域内，I_D 的大小不仅与 U_{GS} 值有关而且和 U_{DS} 值有关。

Ⅱ区，称为放大区也叫饱和区，它是由每条曲线的平直段组成的。在这个区域内，I_D 只受 U_{GS} 控制而与 U_{DS} 无关。

Ⅲ区，称为击穿区，它是由每条曲线的再次上升段组成的。在这个区域内，由于 U_{DS} 较大，场效应管内的 PN 结被击穿，电流突然增加，如不加以限制，场效应晶体管会损坏。

3. 放大作用

场效应管具有电压放大作用。在图 1-23 中，当把变化的电压加在 G、S 之间时，I_D 也随之变化，如果 R_D 值选取合适，那么就可以在 R_D 上得到较大的电压变化量。

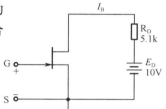

图 1-23　结型场效应管的电压放大作用

4. 主要参数

（1）夹断电压 U_P：

在 U_{DS} 为某一固定数值的条件下，使 I_D 几乎为零时栅源之间所加的电压叫夹断电压。

（2）饱和漏极电流 I_{DS}：

在 U_{DS} 为某一定值的条件下，栅源之间短路时的漏极电流叫饱和漏极电流。

（3）输入电阻 R_{GS}：

输入电阻的定义式是：

$$R_{GS} = U_{GS}/I_G$$

（4）栅源击穿电压 BU_{GS}：

BU_{GS} 是栅源之间允许加的最大电压，实际电压值超过该参数时会使 PN 结反向击穿。

（5）跨导 g_m：

在 U_{DS} 为某一定值条件下，ΔI_D 与 ΔU_{GS} 的比值叫跨导，即：

$$g_m = \Delta I_D/\Delta U_{GS} \quad (U_{DS} = 常数)$$

1.6.2　绝缘栅型场效应管

1. 符号和分类

绝缘栅型场效应管的栅极与半导体衬底之间完全绝缘，所以叫做"绝缘栅"。目前应用最广泛的绝缘栅场效应管是以二氧化硅作为栅极绝缘层，称为金属（M）氧化物（O）半导体（S）场效应管，简称 MOS 管。

MOS 管也有 N 沟道和 P 沟道两种。根据工作方式的不同又分为增强型和耗尽型两类。在此我们仅介绍 N 沟道增强和 N 沟道耗尽型管，至于 P 沟道管只要改变箭头方向就行了。

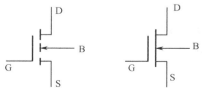

（a）N 沟道增强型　　　（b）N 沟道耗尽型

图 1-24　N 沟道管的电路符号

如图 1-24 所示为 N 沟道管的电路符号。

2. N 沟道耗尽型管的伏安特性曲线

（1）转移特性曲线：

转移特性曲线如图 1-25（a）所示。它的特点与结型管具有类似之处，但它多出了 U_{GS} 取正值的部分。

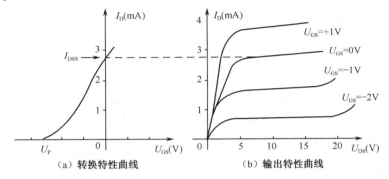

图 1-25　N 沟道管耗尽型管的伏安特性曲线

（2）输出特性曲线：

输出特性曲线如图 1-25（b）所示。它的特点与结型管相类似，也有三个区域，并只在饱和区具有放大作用。与结型管不同的是，曲线族中最上面一条曲线的参考电压不是零而为某一正值。

3. N 沟道增强型管的伏安特性曲线

N 沟道增强型管的伏安特性曲线如图 1-26 所示。

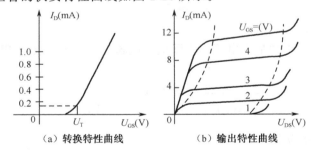

图 1-26　N 沟道增强型管伏安特性曲线

（1）转移特性曲线：

转移特性曲线如图 1-26（a）所示，因为该管正常工作时 U_{GS} 只能为正值，所以曲线在纵轴右侧，并且 $U_{GS} > U_T$。只有在满足 $U_{GS} > U_T$ 时，I_D 才只受 U_{GS} 控制，此时场效应管有放大作用。

（2）输出特性曲线：

输出特性曲线如图 1-26（b）所示，它也有三个区域，只有饱和区有放大能力。与结型管和耗尽型管不同的是，曲线参考量 U_{GS} 只能取大于 U_T 的正值。

4. 主要参数

（1）耗尽型管的主要参数：

耗尽型管的主要参数有 U_P、I_{DSS}、BU_{GS}、g_m 和 R_{GS} 等，它们的意义与结型管相同，只是由于该类型管栅极绝缘，故 R_{GS} 值更大一些，理想情况为无穷大。

（2）增强型管的主要参数：

增强型管的主要参数是 g_m 和 U_T。

 本章小结

本世纪初发展起来的原子结构的概念为半导体晶体管和其他固体器件的发明和解释铺平了道路。在本章要了解和掌握以下主要结论。

（1）物质按导电性能可分为导体、绝缘体和半导体三类，半导体的导电性能介于导体和绝缘体之间。半导体中有电子和空穴两种载流子，同时存在着电子和空穴两种导电方式。

（2）利用掺杂可获得以电子为多数载流子的 N 型和以空穴为多数载流子的 P 型两种半导体。

（3）当 N 型和 P 型半导体共存于一体时，就有由于浓度不同产生的扩散运动和由于空间电场作用产生的漂移运动，两种不同的载流子运动形成了 P-N 结。

（4）P-N 结是构成各种半导体器件的基础，它具有单向导电的特性。当接正向偏置时，正向电流较大，正向电阻较小；而接反向偏置时，则反向电流很小，反向电阻很大。

（5）晶体二极管是由一个 P-N 结构成的，由于它的交、直流电阻随工作点的变化而变化，因此二极管是一个非线性元件。

（6）硅稳压管是工作在反向击穿状态下的硅晶体二极管，利用击穿时反向电流变化很大而反向电压基本不变的特性来实现稳压。

（7）发光二极管是一种将电信号转换成光信号的特殊二极管，使用时是正向偏置；而光敏二极管是一种将光信号转换成电信号的特殊二极管，使用时是反向偏置。

（8）晶体三极管中 I_E 的绝大部分由扩散运动形成 I_C，很小部分由复合运动形成 I_B，而且两者间保持一定的比例关系。因此只要改变其中任何一个电流就可控制其他两个电流。这种电流控制作用是晶体三极管具有放大作用的本质所在。

（9）晶体三极管有 NPN 型和 PNP 型两种基本类型。它们的工作原理基本相同，但各极间所接电源的极性恰好相反，因此流过各极的电流和极间电压的方向也相反。

（10）晶体三极管有截止、放大和饱和三种工作状态：

a. 截止状态：

条件：发射结和集电结都接反向偏置。

特点：$I_B \approx 0$，$I_C \approx 0$，$U_{CE} \approx E_C$。

b. 放大状态：

条件：发射结接正向偏置，集电结接反向偏置。

特点：$\Delta I_C = \beta \Delta I_B$。

c. 饱和状态：

条件：发射结和集电结都接正向偏置。

特点：$I_C \approx E_C/R_C$；I_C 不再随 I_B 的增加而增加。

（11）晶体管的输入、输出特性曲线都是非线性的，因此不能随便应用欧姆定律来进行计算。

（12）晶体管的参数受环境温度的影响较大，因而使得电路工作不稳定，这是晶体管电路的一大缺点。

（13）场效应管是一种性能比较优越的元件，其工作原理是利用电场强弱来改变导电沟道的宽窄即改变沟道电阻，从而控制漏源电流的电压控制元件。

习题 1

1-1 半导体的导电性能与哪些因素有关？为什么在本征半导体中有选择地掺入极微量的杂质会使其导电性能有显著提高？

1-2 什么叫 N 型半导体？什么叫 P 型半导体？

1-3 P-N 结为什么具有单向导电性？

1-4 硅二极管和锗二极管的伏安特性有何区别？

1-5 为什么发光二极管必须正向偏置，而光敏二极管却要反向偏置？

1-6 已知两只硅稳压管的稳定电压值分别为 8V 和 7.5V，若将它们串联使用，可能获得几组不同的稳定电压值？

1-7 三极管具有两个 PN 结，二极管具有一个 PN 结，能否用两只二极管当作一只三极管用？三极管任意断一个管脚，剩下两个电极，能当二极管用吗？

1-8 试说明 PNP 型管外接电源的正确接法与管中载流子的运动过程。

1-9 三极管具有电流放大作用的条件是什么？什么是三极管的电流分配关系？

1-10 场效应管有哪些类型？不同类型的场效应管的漏极特性曲线有什么共同点？

1-11 场效应管满足什么条件才具有放大能力？在什么情况下有电压放大能力？用具体数据说明。

第2章
晶体管交流放大器

2.1 放大器概述

2.1.1 概述

放大器是电子设备中最重要最基本的单元电路。放大器的作用是把微弱的电信号变成较强的电信号。放大器方框图如图 2-1 所示。

图 2-1 中 u_i 为信号源，它表示被放大的微弱信号；R_L 为负载，它代表实际用电器（例如扬声器、显像管等）。输入信号所在的一边称为输入边，负载所在的一边称为输出边。

图 2-1 放大器方框图

2.1.2 放大器的分类

放大器的种类很多，按不同的用途划分，放大器有电压放大器、电流放大器和功率放大器。

放大器按输入信号的不同又可分为直流放大器和交流放大器。表 2-1 中给出了不同输入信号时的放大器的分类。

表 2-1 放大器的分类

放大器 ⎰ 直流放大器 ⎰ 直耦式放大器
        ⎱   ⎱ 调制式直流放大器
        交流放大器——低频、中频、高频、带通放大器
        功率放大器

2.1.3 放大器的主要参数

1. 放大器的电压放大倍数

电压放大倍数是衡量放大器放大能力的参数。放大倍数越大，放大器的放大功能越强。

最常用的电压放大倍数定义如下：

$$A_U = \frac{\text{输出正弦电压的有效值}}{\text{输入正弦电压的有效值}} = \frac{u_o}{u_i} \tag{2-1}$$

衡量放大器放大能力的另一种方法叫增益。增益的单位是分贝（dB）。电压增益的定义如下：

$$A_U = 20\lg \frac{u_o}{u_i} \qquad (2\text{-}2)$$

2. 放大器的非线性失真

放大器的输出波形与放大器的输入波形进行比较时，如果出现了幅度以外的变化称之为非线性失真。产生非线性失真的原因是由于放大器中的核心元件三极管的非线性所造成的。图 2-2 中给出了几种失真的放大器输出波形。

3. 放大器的通频带

放大器的通频带是放大器能够放大的输入信号的频率范围。如图 2-3 所示。图中 f_1 与 f_h 之间的频率范围即为通频带。

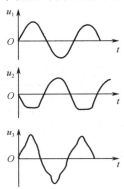

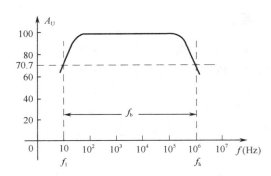

图 2-2　放大器的非线性失真　　　　图 2-3　放大器的通频带

在图 2-3 中，f_1 称为下限频率，f_h 称为上限频率；在 f_1、f_h 之间，放大倍数的数值最大且不变。$f_1 \sim f_h$ 之间的频率范围 f_b 称为放大器的通频带。从图 2-2 可以看出，$f_b = f_h - f_1$。通频带的意义是：当信号源的频率在 $f_1 \sim f_h$ 之间时，放大器有最大且不变的放大倍数；当信号源的频率低于 f_1 或高于 f_h 时，放大器虽然仍有一定的放大能力，但由于放大倍数随频率的变化而明显的减小，所以一般认为放大器不再具有放大能力。

从图 2-3 还可以看出，f_b 位于放大倍数最大值的 0.707 倍处。

4. 放大器的工作稳定性

放大器的工作稳定性是放大器的放大倍数、通频带应基本保持不变，不随工作时间和环境条件等因素的改变而改变。

2.1.4　放大器的工作原理

第一章已经讲过，如果晶体管的基极电流有一个较小的变化，则集电极电流将产生较大的变化。也就是说，如果把很小的信号加在基极上，就会在集电极电路中获得大得多的信号。这就是晶体管的放大功能。但是，如果把信号直接加在晶体管基极上，如图 2-4 所示，由于交流信号电压 u_i 幅度往往很小，不能使 be 结导通，只有当信号的顶部超出死区电压时才产生基极电流，但这时基极电流的波形已经和输入信号的波形大大不同，基极电流产生了严重的失真。

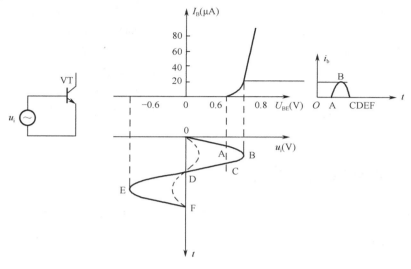

图 2-4　无偏置工作情况

解决以上问题的办法是给放大器中的晶体管加偏置。

所谓偏置也叫静态工作点，就是在加交流信号之前，在晶体管各极加上适当的直流电压，使各极产生适当的直流电流。如图 2-5（a）所示，图中 C_1 是信号输入耦合电容，C_2 是信号输出耦合电容。

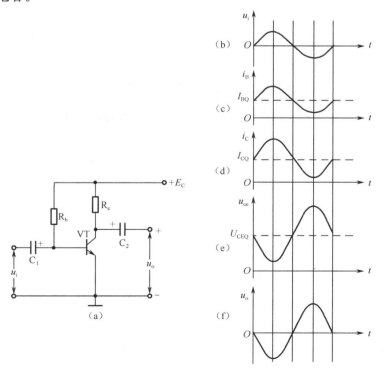

图 2-5　放大器各处的电流电压波形

现在把输入交流信号 u_i 再加到晶体管的基极，u_i 的波形见图 2-5 中（b），它是一个正负各半的正弦电压，这个电压使基极产生一个变化的电流 i_b，它与直流基极电流 I_{BQ} 叠加，$i_B = I_{BQ} + i_b$，如图 2-5 中（c）的实线表示基极总电流的波形，经过电流放大后，集电极电流也是两个分量的叠加，$i_C = I_{CQ} + i_c$，如图 2-5 中（d）的实线。i_C 流经 R_c，使 R_c 两端的压降变化，当 i_C 变到最大值时，R_c 上压降最大，管子上的压降 u_{ce} 最小；反之，当 i_C 变到最小值时，管压降 u_{ce} 最大，与 i_C 的变化相反，如图 2-5 中（e）的实线，再通过 C_2 将交流分量 u_{ce} 分离出来，又成了正负各半的正弦电压 u_o，它已经比输入电压 u_i 大多了。

由图 2-5 可见，输入电压 u_i、基极电流 i_B、集电极电流 i_C 的波形都是同相位，但是它们和输出电压 u_o 的相位相反。所以，放大器除了具有电压放大作用之外还有倒相作用，这一点非常重要。

2.2　固定偏置共发放大电路

固定偏置共发放大电路是放大器中使用比较广泛、结构简单的放大电路。

2.2.1　电路构成

电路由基极偏置电阻 R_b、集电极负载电阻 R_c、信号输入耦合电容 C_1、信号输出耦合电容 C_2、晶体三极管 VT 和直流电源 E_C 组成。

电路中 VT 的作用是进行放大。R_b 是将电源 E_C 的电压送晶体管的基极，在电源 E_C、R_b 和晶体管的 b、e 结之间构成一个直流回路，通过调整 R_b 的大小可使回路中 I_B 达到一定值且使 b、e 结的电压 U_{BE} 满足晶体管进入的放大状态条件（一般锗管 $U_{BE} = 0.2\text{V}$，硅管 $U_{BE} = 0.7\text{V}$）。R_c 的作用是将电源 E_C 的电压送至晶体管的集电极，使电源 E_C、R_c 和晶体管的 c、e 结构成另一个闭合电路。同时，R_c 还具有把晶体管的电流放大转换成电压放大的作用。电路如图 2-6 所示。

2.2.2　固定偏置共发放大电路静态工作点的计算

将图 2-6 中信号输入端短路，不考虑电路中交流信号的变化，C_1、C_2 也当作开路，图 2-7 是图 2-6 的直流等效电路。

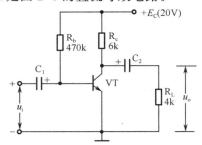

图 2-6　固定偏置共发放大电路图

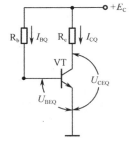

图 2-7　固定偏置共发放大电路的直流等效电路

现在以图 2-7 为例计算该电路的静态工作点。

【例 2-1】　计算图 2-7 电路的静态工作点 I_{BQ}、I_{CQ} 和 U_{CEQ}。设晶体管的 $\beta = 43$，其他参数见图 2-6。

解：列出基极的回路电压方程：

$$-E_C + I_{BQ}R_b + U_{BEQ} = 0$$

由上式求得：

$$I_{BQ} = \frac{E_C - U_{BEQ}}{R_b}$$ (2-3)

将图中数据代入式（2-3）中得：

$$I_{BQ} = \frac{20 - 0.7}{470} = 41\mu A$$

根据晶体管电流分配关系 $I_{CQ} = \beta I_{BQ}$ 得：

$$I_{CQ} = 43 \times 41 = 1.76mA$$

再列出集电极回路的电压方程：

$$-E_C + I_{CQ}R_c + U_{CEQ} = 0$$

由上式求得：

$$U_{CEQ} = E_C - I_{CQ}R_c$$ (2-4)

代入数据得：

$$U_{CEQ} = 20 - 1.76 \times 6$$
$$= 20 - 10.6 = 9.4V$$

这样就得到了图 2-6 电路的静态工作点：$I_{BQ} = 41\mu A$；$I_{CQ} = 1.76mA$；$U_{CEQ} = 9.4V$

2.2.3　固定偏置共发放大电路交流参数的计算

放大电路的交流参数包括输入电阻 r_i、输出电阻 r_o、电压放大倍数 A_U。输入电阻 r_i 是从放大器的输入端向里看去的等效电阻。

r_i 的定义如下：

$$r_i = \frac{u_i}{i_i}$$ (2-5)

u_i：输入端交流电压值；

i_i：输入端交流电流值。

输出电阻 r_o 是放大器不接负载时从输出端向里看去的等效电阻，如图 2-8 所示。

r_o 的定义如下：

$$r_o = \frac{u_o}{i_o}$$ (2-6)

u_o：输出端交流电压值；

i_o：输出端交流电流值（$i_o = -i_c$）。

现在仍以图 2-6 为例，计算该电路的交流参数。首先画出图 2-6 的交流等效电路，如图 2-8。画交流等效电路时 C_1 和 C_2 对交流可看成短路；电源的内阻很小，也可以看成交流短路。

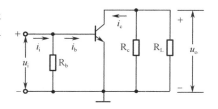

图 2-8　固定偏置共发放大电路的交流等效电路

【例 2-2】　计算图 2-8 电路的交流参数 A_U、r_i 和 r_o。设 $r_{be} = 0.8k\Omega$，图 2-6 电路中参数不变，$\beta = 43$。

解：（1）求 A_U：

在输出回路，集电极总负载是：

$$R'_L = R_c /\!/ R_L = \frac{R_c R_L}{R_c + R_L} \tag{2-7}$$

将 R_c 和 R_L 的数值代入上式得：

$$R'_L = \frac{6 \times 4}{6 + 4} = 2.4\text{k}\Omega$$

输出电压：

$$u_o = -i_c(R_c /\!/ R_L) \tag{2-8}$$

在输入回路，晶体管的输入电阻 $r_{be} = 0.8\text{k}\Omega$，则输入电压：

$$u_i = u_{be} = i_b r_{be} \tag{2-9}$$

又由于

$$i_c = \beta i_b$$

把式（2-8）、（2-9）代入（2-1）式得：

$$A_U = \frac{-i_c(R_c /\!/ R_L)}{i_b r_{be}} = -\beta \frac{i_b(R_c /\!/ R_L)}{i_b r_{be}}$$

$$= -\beta \frac{R_c /\!/ R_L}{r_{be}} = -\beta \frac{R'_L}{r_{be}} \tag{2-10}$$

代入数据得：

$$A_U = -43 \times \frac{2.4}{0.8} = -129$$

（2）求 r_i、r_o：

由图（2-8）可以看出，r_i 等于 R_b 与 r_{be} 的并联，即：

$$r_i = R_b /\!/ r_{be} \tag{2-11}$$

代入数据得

$$r_i = 470 /\!/ 0.8 \approx 0.8\text{k}\Omega$$

r_{be} 的计算

$$r_{be} = 300 + (1+\beta)\frac{26}{I_{EQ}}$$

输出电阻 r_o 计算公式的推导过程比 A_U 和 r_i 复杂得多，此处只给出结果：

$$r_o = R_c \tag{2-12}$$

代入数据得：

$$r_o = 6\text{k}\Omega$$

这样，图 2-6 电路的交流参数是 $A_U = -129$；$r_i \approx 0.8\text{k}\Omega$；$r_o = 6\text{k}\Omega$。

这里要说明的是，电压放大倍数中的负号表明输出电压与输入电压的相位相差 $180°$。

2.2.4 放大电路的图解法

利用晶体管的特性曲线通过作图的方法确定放大器的静态工作点，定量地分析放大器的基本性能的作法叫放大电路的图解法。

晶体管的输入、输出特性曲线直接反应出了晶体管的各极电流、电压关系。在输出特性曲线上可以清楚地观察到晶体管的工作状态，得到比计算法更直观的结果。

在介绍图解法之前，先介绍负载线的概念。在放大器直流通路中，由集电极回路方程 $U_{CE} = E_c - I_c R_c$ 所决定的直线叫直流负载线。下面仍以图 2-6 电路为例，说明怎样在 U_{CE} — I_c 坐标系中作出直流负载线、确定静态工作点和交流负载线。

【例 2-3】 放大电路如图 2-6 所示，晶体管的特性曲线如图 2-9，电路中其他参数不变。试用图解法确定静态工作点和交流负载线。

解：（1）静态工作点 Q 的确定：

从前面的计算已知 $I_{BQ} = 41\mu A$，也就是说，晶体管的工作点必须在 $I_B = 41\mu A$ 这条特性曲线上。但一条曲线不能确定一个点，还必须找到 U_{CE} 和 I_C 的另一种关系。由式（2-4）$U_{CE} = E_c - I_C R_c$ 移项后变成：

$$I_C = \frac{E_C}{R_c} - \frac{1}{R_c} U_{CE} \qquad (2-13)$$

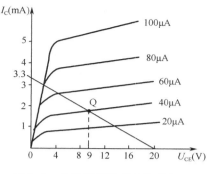

图 2-9　晶体管的静态工作点和
静态工作点的确定

上式在 $U_{CE} - I_C$ 坐标系上是一条直线，即直流负载线。具体作法如下（见图 2-9）：

令 $I_C = 0$；$U_{CE} = E_c = 20V$

令 $U_{CE} = 0$；$I_C = E_c / R_c = 20/6 = 3.3mA$

在 U_{CE} 轴上找一点 $E_c = 20V$，在 I_C 轴上找一点 $I_C = 3.3mA$，连接两点就是对应于 R_c 的负载线，该线斜率是 $tg\alpha = 1/R_c$。

负载线是当负载电阻为 R_c 时，晶体管的 U_{CE} 和 I_C 必须遵循的一条线，它与 $I_B = 41\mu A$ 的一条曲线的交点 Q 是晶体管的工作点。此时 Q 点的坐标为 $U_{CE} = 9V$，$I_C = 1.8mA$。

（2）交流负载线：

上面的分析只考虑了集电极电阻 R_c，忽略了放大器的交流负载 R_L。现在分析 R_L 对放大器工作的影响。

先看 R_L 对静态工作点的影响，如图 2-6。由于 R_L 是通过 C_2 接到集电极的，所以对晶体管的静态工作点没有影响。但对交流信号来说，R_c 与 R_L 是并联的，电路的交流等效负载 R_L' 为：

$$R_L' = \frac{R_c R_L}{R_c + R_L} \qquad (2-14)$$

对交流信号来说，负载线的斜率不再是 $tg\alpha = 1/R_c$，而变为 $1/R_L'$，由于 $R_L' < R_c$，所以交流负载线比直流负载线更陡，但它们都通过 Q 点，如图 2-10。MN 为直流负载线，HJ 为交流负载线，其斜率为 $tg\alpha = 1/R_L'$。

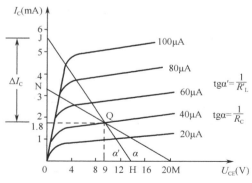

图 2-10　交流负载线

我们仍以上述参数为例，$R_c = 6k\Omega$，$R_L = 4k\Omega$，$R_L' = 2.4k\Omega$

第一步：作直流负载线（方法同前）。确定静态工作点 Q。$U_{CEQ} = 9V$，$I_{CQ} = 1.8mA$。

第二步：求出 $\Delta I_C = U_{CE} tg\alpha' = U_{CEQ}/R_L' = 9/2.4 = 3.75mA$

第三步：由 $I_{CQ} + \Delta I_C = 1.8 + 3.75 = 5.55mA$，在 I_C 轴上截取点 J，连接 J 和 Q 并延长到 U_{CE} 轴，交点为 H，JH 直线是交流负载线。

（3）动态工作分析：

在确定静工作点 Q 之后，可以分析交流信号使工作点如何移动。设 I_B 在 $41\mu A$ 的基础上，上下变动 $\pm 20\mu A$，如图 2-11，即 i_B 最大时应为 $61\mu A$，最小时应为 $21\mu A$，即晶体管的工作点最上移到 A 点，最下移到 B 点。再看 i_c 的变化，由图 2-11 所示，当交流信号变化一周时，工作点从 Q→A→Q→B→Q 循环一次。如果工作点进入饱和区或截止区，则信号产生明显的失真，如图 2-12。

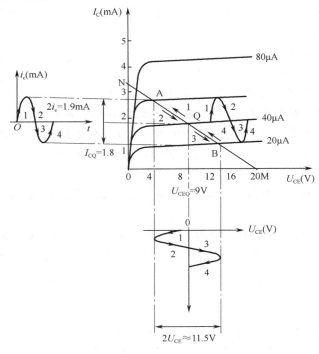

图 2-11　晶体管工作点的移动

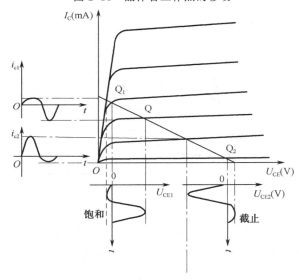

图 2-12　信号波形的失真

2.3 分压式直流负反馈放大电路

2.3.1 工作点的稳定

在第一章的学习中，知道了当环境温度升高时会出现如下情况：

（1）I_{CEO} 增大，I_C 也增大；

（2）U_{BE} 减小，I_B 随之增大；

（3）β 值增大。

不管哪个因素变化，最终的结果都反映在 I_C 的变化上，所以只要能稳住 I_C 也就稳住了工作点，如图 2-13。

图 2-13 是一个稳定工作点的典型电路。这个电路中基极偏置电阻有两个：R_{b1} 和 R_{b2}。它们构成基极分压电路，把晶体管基极电位固定为 U_B。在晶体管的发射极加了反馈电阻 R_e，它把集电极电流 I_{CQ} 的变化转化为 U_E 的变化，与 U_B 比较后，调整基极电流 I_{BQ} 从而达到控制集电极电流 I_{CQ} 的目的。C_e 是交流旁路电容，其作用是使交流信号通过它从发射极直接入地，不受 R_e 的影响。

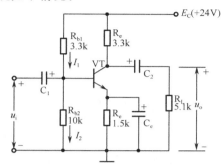

图 2-13 分压式直流负反馈放大电路
（稳定工作点的典型电路）

当由于某种原因使 I_{CQ} 增加时，因为 $I_{CQ} \approx I_{EQ}$，所以 $U_E = I_{EQ}R_e$ 增加。又因为：

$$U_{BEQ} = U_B - U_E \tag{2-15}$$

如果 U_B 不变，那么 U_{BEQ} 将随 U_E 的增加而减小。根据晶体管的特性，当 U_{BEQ} 减小时，I_{BQ} 减小，I_{CQ} 减小。上述过程可用下面的方法表示：

当某种原因使 I_{CQ} 增加时：$I_{CQ} \uparrow \rightarrow I_{EQ} \uparrow \rightarrow U_E \uparrow \rightarrow U_{BEQ} \downarrow \rightarrow I_{BQ} \downarrow \rightarrow I_{CQ} \downarrow$。

上面提到的"如果 U_B 不变，那么 U_{BEQ} 将随 U_E 的增加而减小"，当电路满足如下条件时，U_B 就可以基本不变。条件是：

$$I_1 \approx I_2 \quad (I_1 = I_2 + I_b，由于 I_2 \gg I_b，所以 I_1 \approx I_2) \tag{2-16}$$

则：

$$U_B = \frac{R_{b2}}{R_{b1} + R_{b2}} E_C \tag{2-17}$$

由式（2-17）可以看出，U_B 的值只与电路参数 E_C、R_{b1}、R_{b2} 有关，与晶体管的参数无关，所以不受环境温度的影响。总之，反馈电压 U_E 总是使输入回路电流、电压的变化趋势与输出回路电流、电压的变化趋势相反，因此称之为负反馈（反馈的概念将在下一章中详细介绍）。

2.3.2 分压式直流负反馈放大电路的计算

1. 静态工作点的计算

【例 2-4】 电路参数及电路图如图 2-13 所示，晶体管的 $\beta = 80$。计算该电路的静态工作点。

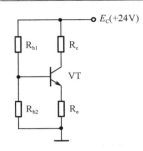

图 2-14　分压式直流负反馈放
大电路的直流等效电路

解：图 2-13 的直流等效电路如图 2-14，由式（2-17）可得：

$$U_B = \frac{R_{b2}}{R_{b1}+R_{b2}} E_C = 24 \times \frac{10}{33+10} = 5.6\text{V}$$

晶体管发射极电压 U_E 为：

$$U_E = U_B - U_{BEQ} = 5.6 - 0.7 = 4.9\text{V}$$

发射极静态电流 I_{EQ} 为：

$$I_{EQ} = \frac{U_E}{R_e} = \frac{4.9}{1.5} \approx 3.2\text{mA}$$

集电极静态电流 I_{CQ} 为：

$$I_{CQ} \approx I_{EQ} = 3.2\text{mA}$$

基极静态电流 I_{BQ} 为：

$$I_{BQ} = \frac{I_{CQ}}{\beta} = \frac{3.2}{80} = 40\mu\text{A}$$

集电极与发射极之间的电压 U_{CEQ} 为：

$$U_{CEQ} = E_C - I_{CQ}(R_c + R_e) = 24 - 3.2 \times (3.3 + 1.5) = 8.6\text{V}$$

图 2-13 电路的静态工作点为：$I_{BQ} = 40\mu\text{A}$；$I_{CQ} = 3.2\text{mA}$；$U_{CEQ} = 8.6\text{V}$。

注意，固定偏置共发放大电路是先算出 $I_{BQ} \approx E_C/R_b$，再算出 $I_C = \beta I_{BQ}$，而分压式直流负反馈放大电路则是先确定 U_B，算出 $I_{CQ} \approx I_{EQ} = (U_B - U_{BEQ})/R_e$，再反过来确定 I_{BQ}。

2. 交流参数的计算（A_U、r_i、r_o）

下面仍以图 2-13 为例，计算该电路图的交流参数。

【例 2-5】　电路及参数如图 2-13，$r_{be} = 1\text{k}\Omega$，$\beta = 80$。求当放大器的 $R_L = 5.1\text{k}\Omega$ 时，电路的电压放大倍数和电路的输入电阻。

解：图 2-13 的交流等效电路如图 2-15。其中 C_1、C_2、C_e 对交流信号的阻抗很小，可视为短路，直流电源 E_C 也视为短路。

根据式（2-7）可得：

$$R'_L = \frac{R_c R_L}{R_c + R_L} = \frac{3.3 \times 5.1}{3.3 + 5.1} = 2.0\text{k}\Omega$$

由已知 $r_{be} = 1\text{k}\Omega$，再根据式（2-10）可得：

$$A_U = -80 \times \frac{2}{1} = -160$$

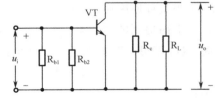

图 2-15　分压式直流负反馈放大
电路的交流等效电路

基极等效电阻 R_b 为：

$$R_b = R_{b1} /\!/ R_{b2} = 7.67\text{k}\Omega$$

根据式（2-11）可得：

$$r_i = \frac{R_b r_{be}}{R_b + r_{be}} = \frac{7.67 \times 1}{7.67 + 1} = 0.89\text{k}\Omega$$

从上面的计算可见，这种分压式直流负反馈偏置电路当接有发射极旁路电容时，其交流通路与固定偏置共发放大电路的交流通路一样，所以 A_U、r_i、r_o 的算法也相同。

2.4 射极输出器

射极输出器是一种输入电阻很高而输出电阻很低的电路，它实际上是一个阻抗变换电路。

2.4.1 电路结构

图 2-16 所示电路为射极输出器。交流信号从基极和集电极之间输入，从发射极与集电极之间取出。从电路中不难看出，射极输出器由于发射极接有电阻 R_e，它的输入电阻可以有大幅度的提高。从输入回路可以得出，射极输出器的输出电压和输入电压的关系为：

$$u_i = u_o + u_{be}$$

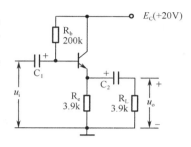

图 2-16 射极输出器

由上式可见射极输出器的输出电压总是略小于输入电压，换句话说它的电压放大倍数总是略小于 1。下面计算射极输出器的静态工作点、电压放大倍数及输入电阻和输出电阻。

2.4.2 射极输出器的静态工作点

【例 2-6】 电路及电路参数如图 2-16，晶体管的 $\beta = 60$。计算该电路的静态工作点。

解：由基极回路方程可得：

$$-E_C + I_{BQ} R_b + U_{BEQ} + U_E = 0$$

又由式 $U_E = I_{EQ} R_e = (1 + \beta) I_{BQ} R_e$

得出 I_{BQ} 为：

$$I_{BQ} = \frac{E_C - U_{BEQ}}{R_b + (1 + \beta) R_e} \tag{2-18}$$

由式（2-18）可以看出，由于基极电流 I_{BQ} 比发射极电流 I_{EQ} 小（$1 + \beta$）倍，因此要把发射极电阻 R_e 完全折合到基极回路上去，折合过来的电阻应比 R_e 大（$1 + \beta$）倍。或者说，基极回路的总电阻是两个电阻串联组成，一个是基极电阻 R_b，另一个是折合到基极回路的发射极电阻 R_e 的（$1 + \beta$）倍。

现将电路参数代入式 2-18 中即可得基极静态电流为：

$$I_{BQ} = \frac{E_C - U_{BEQ}}{R_b + (1 + \beta) R_e} = \frac{20 - 0.7}{200 + (1 + 60) \times 3.9} = 44 \mu A$$

发射极静态电流为：

$$I_{EQ} = (1 + \beta) I_{BQ} = (1 + 60) \times 44 = 2.7 mA$$

发射极电位为：

$$U_E = I_{EQ} R_e = 2.7 \times 3.9 = 10.5 V$$

晶体管集电极—发射极电压为：

$$U_{CEQ} = E_C - U_E = 20 - 10.5 = 9.5 V$$

该电路的静态工作点为：$I_{BQ} = 44 \mu A$；$I_{EQ} = 2.7 mA$；$U_{CEQ} = 9.5 V$

2.4.3　射极输出器交流参数的计算

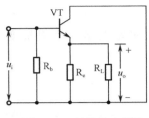

图 2-17　射极输出器的
交流等效电路

【例 2-7】　　图 2-16 的交流等效电路如图 2-17，电路中元件参数不变，$r_{be}=0.9\text{k}\Omega$，$R_L=3.9\text{k}\Omega$，$\beta=60$。计算该电路的输入电阻、电压放大倍数和输出电阻。

解：根据图 2-17 可得 r_i' 为：

$$r_i'=r_{be}+(1+\beta)(R_e/\!/R_L) \tag{2-19}$$

$$r_i=R_b/\!/r_i' \tag{2-20}$$

将电路参数代入式（2-19）和（2-20）得：

$$r_i'=0.9+(1+60)(3.9/\!/3.9)=119.85\text{k}\Omega$$

$$r_i=200/\!/119.85=75\text{k}\Omega$$

再由图 2-17 可得 u_o 和 u_i 分别为：

$$u_o=i_e(R_e/\!/R_L)=(1+\beta)i_b(R_e/\!/R_L) \tag{2-21}$$

$$u_i=u_{be}+u_o=i_b r_{be}+i_e(R_e/\!/R_L)=i_b r_{be}+(1+\beta)i_b(R_e/\!/R_L) \tag{2-22}$$

将（2-21）和（2-22）两式代入 2-1 式得：

$$A_U=\frac{(1+\beta)(R_e/\!/R_L)}{r_{be}+(1+\beta)(R_e/\!/R_L)} \tag{2-23}$$

式（2-23）中没有一号，说明射极输出器输出电压的相位与输入电压的相位一致。

再将电路参数代入式（2-23）得：

$$A_U=\frac{(1+60)(3.9/\!/3.9)}{0.9+(1+60)(3.9/\!/3.9)}=0.99$$

由于输出电阻 r_o 的计算比较复杂，在此只给出计算的结果。在不考虑信号源内阻以及 $\beta\gg1$ 的情况下，输出电阻为：

$$r_o=(r_{be}/\beta)/\!/R_e\approx r_{be}/\beta \tag{2-24}$$

代入数据得：

$$r_o=0.9/60=15\Omega$$

从上面的计算中可以看出，射极输出器的主要特点是输入电阻高，输出电阻低，电压放大倍数小于 1。这个特点决定了射极输出器的用途有：

（1）用在放大器的第一级，以减轻放大器对信号源的影响；

（2）可接在放大器的最后一级，以减轻负载的变动对放大器工作的影响；

（3）可起缓冲隔离的作用，虽然射极输出器本身没有电压放大作用，但因为输入电阻高、输出电阻低，可以减轻前级放大器的负载，从而提高前级放大器的电压放大倍数，并减轻后级放大器对前级的影响，起到所谓缓冲隔离的作用。

2.5　阻容耦合放大电路的频率特性

2.5.1　放大器的频率特性

在以前的分析中，我们对阻容耦合放大电路中的耦合电容、交流旁路电容均视为短路，即认为它们对交流信号没有影响。实际上，当输入信号频率很高或很低时电路中的电容以及

晶体管的 β 值都会使放大电路的放大倍数 A_U 下降。也就是说，放大电路并不能对所有频率都有相等的放大倍数，在频率很高或很低时放大倍数都会下降，如图 2-18 所示。

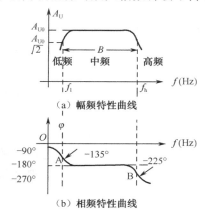

(a) 幅频特性曲线

(b) 相频特性曲线

图 2-18　单级阻容耦合放大电路的频率特性

放大器的频率特性分为幅频特性和相频特性。幅频特性是放大器放大倍数的绝对值随输入信号频率变化的规律；相频特性是放大器输出信号与输入信号之间的相位差随输入信号频率变化的规律。

2.5.2　单极阻容耦合放大电路的频率特性

单级阻容耦合放大电路的幅频特性如图 2-18（a）所示。从中可以看出，中频段的放大倍数 A_U 最大，且基本上不随频率的变化而变化。但是，当输入信号的频率 f 低于 f_1 或高于 f_h 时，A_U 的值都要减小。当放大倍下降为 $0.707A_U$ 时对应的频率分别叫做下限频率 f_1 和上限频率 f_h。f_1 和 f_h 之间的频率范围叫做放大器的通频带。

图 2-18（b）图是单级阻容耦合放大电路的相频特性。纵轴 φ 表示输出信号与输入信号的相位差。从曲线中可以看出，放大电路输出信号的相位落后于输入信号的相位。在信号的中频段，放大电路输出信号的相位比输入信号的相位落后 $180°$，当 $f=f_1$ 时，$\varphi=-135°$，即输出落后输入 $135°$；当 $f=f_h$ 时，$\varphi=-225°$，即输出落后输入 $225°$。

对多级放大器来说，放大器幅频特性的上限频率比构成这个多级放大器的单级放大器的上限频率低，而放大器幅频特性的下限频率比单级放大器的下限频率高，所以多级放大器比单级放大器的通频带窄，如图 2-19。

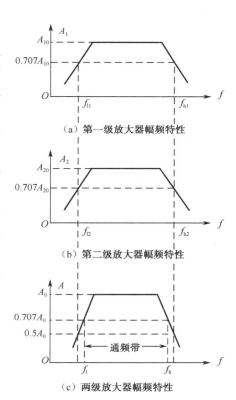

(a) 第一级放大器幅频特性

(b) 第二级放大器幅频特性

(c) 两级放大器幅频特性

图 2-19　两级阻容耦合放大器的幅频特性

2.6 多级放大电路

在实际电子设备中，输入信号一般都比较微弱。为了把微弱的信号放大到负载所需要的幅度，只用一级放大器是做不到的，需要把几个单级放大器连接在一起，即构成一个"多级放大器"，如图 2-20。

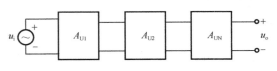

图 2-20 多级放大电路方框图

组成多级放大器的每一个单级放大器叫做多级放大器的"级"，从输入端算起分别为第一级、第二级、……第末级。通常把各级放大器之间的连接叫做耦合。耦合的方式有阻容耦合、变压器耦合和直接耦合。

2.6.1 级间耦合方式

1. 阻容耦合

阻容耦合是指放大器两级之间、信号源与放大器和放大器与负载之间均采用电容耦合。阻容耦合中的电阻是指每级放大器的输入电阻 r_i。图 2-21 为一个两级阻容耦合放大电路。

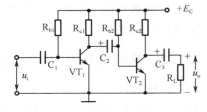

图 2-21 两级阻容耦合放大电路

阻容耦合电路的优点是：

第一，由于放大器级间是通过电容相连，因此各级放大器的直流静态工作点 Q 彼此独立，给电路的设计和调整带来方便。

第二，在已知信号源频率时，选用容量较大的电容进行耦合可以达到较高的传输效率。

这种耦合方式的缺点是不能放大直流和频率很低的信号，原因是耦合电容对这类信号呈现较大的阻抗，就是说，信号在传递过程中损失严重。

2. 直接耦合

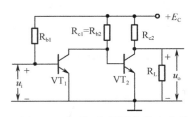

图 2-22 两级直接耦合放大电路

直接耦合是指放大器级与级之间采用导线、电阻或二极管等元件连接。直接耦合电路如图 2-22 所示。

直接耦合方式的优点是可以放大各种不同频率的信号，电路易于集成化。这种耦合方式的缺点是各级放大器的静态工作点 Q 互相影响，给电路的设计和调整带来不便（直接耦合放大电路将在直流放大器一章中详细讨论）。

3. 变压器耦合

变压器耦合是指放大器级与级之间采用变压器进行耦合。变压器耦合放大电路如图 2-23 所示。

变压器耦合的优点是：

第一，因为变压器只能通过交流信号，所以各级放大器的静态工作点 Q 彼此独立。

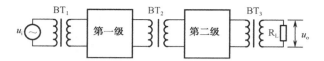

图 2-23　两级变压器耦合放大电路

第二，由于变压器具有阻抗变换作用，能使放大器达到最大的功率输出。

2.6.2　阻容耦合多级放大器的计算

1. 静态工作点的计算

由于阻容耦合多级放大电路中各级的静态工作点互相独立，所以各级的静态工作点可分别计算。计算单级放大器的静态工作点前面已经介绍过了，这里不再赘述。

2. 交流参数的计算

（1）多级阻容耦合放大电路电压放大倍数的计算：

多级阻容耦合放大电路电压放大倍数的计算，原则上是将各级的放大倍数分别求出，然后再相乘。如有 n 级放大器，各级的电压放大倍数分别是 A_{U1}，A_{U2}，……A_{Un}，则总放大倍数为：

$$A_{U总} = A_{U1} A_{U2} \cdots\cdots A_{Un} \tag{2-25}$$

在具体计算时要注意：

a. 要把下级的输入电阻与本级集电极电阻共同作为本级的负载 R'_L。

b. 多级放大器输出电压与输入电压的相位关系和放大电路的总级数有关，要根据具体电路来确定。

（2）多级阻容耦合放大电路的输入电阻和输出电阻：

多极放大器的输入电阻一般指第一级放大器的输入电阻，即：

$$r_i = r_{i1} \tag{2-26}$$

多极放大器的输出电阻一般指最后一级放大器的输出电阻，即：

$$r_o = r_{on} \tag{2-27}$$

2.7　调谐放大电路

调谐放大电路是将 LC 并联谐振回路代替阻容耦合放大电路中的 R_c 构成的，它对某一选定频率及其附近频率的信号有较高的增益，而远离选定频率的信号被抑制。图 2-24 为一个典型的调谐放大电路。

2.7.1　LC 并联谐振回路的频率特性

LC 并联谐振回路电路如图 2-25，电路中除电容 C 和电感 L 以外，还有电阻 R，它表示电感的损耗与电容的损耗之和，该电阻是个等效电阻。

在图 2-25（a）中，从 AB 两端看进去电路的总阻抗 Z_{AB} 为：

$$Z_{AB} = \frac{\dfrac{1}{X_C} \cdot (X_L + R)}{\dfrac{1}{X_C} + (X_L + R)} = \frac{X_L + R}{1 + X_C(X_L + R)} \tag{2-28}$$

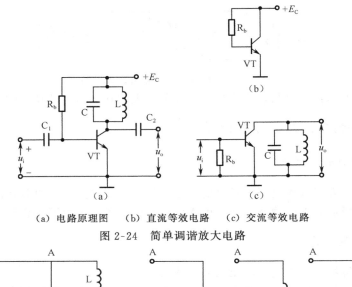

（a）电路原理图　　（b）直流等效电路　　（c）交流等效电路

图 2-24　简单调谐放大电路

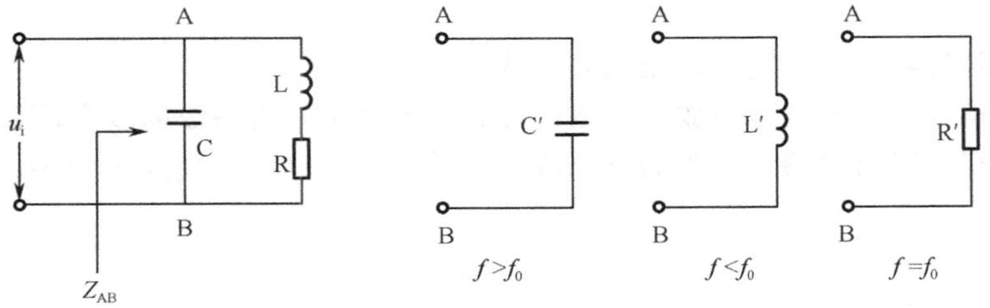

（a）LC 并联谐振电路　　　　　　　　（b）Z_{AB} 的性质与 f 的关系

图 2-25　LC 并联谐振电路

式中 Z_{AB} 的性质与 AB 两端所加信号的频率 f 有关。从电工学可知，当 LC 并联谐振电路的参数确定以后，该电路的谐振频率 f_0 由下式确定：

$$f_0 \approx \frac{1}{2\pi \sqrt{LC}} \qquad (2\text{-}29)$$

当外加信号频率 $f > f_0$ 时，Z_{AB} 呈容性；当 $f < f_0$ 时，Z_{AB} 呈感性；当 $f = f_0$ 时，Z_{AB} 呈纯电阻特性，如图 2-25（b）所示。

当电路呈纯电阻特性且 AB 两端电压和电流相位相同时称为谐振。并联谐振的特点是：谐振时电路中电压、电流同相位；电路两端阻抗呈纯电阻特性且阻值最大，$Z_{AB} = R'$，R' 的值由下式决定：

$$R' = \frac{L}{RC} \qquad (2\text{-}30)$$

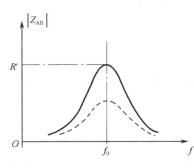

图 2-26　谐振电路幅频特性曲线

式中 L、C 是并联谐振电路中电感、电容之值，R 是谐振电路的损耗电阻。从式（2-30）中可以看出，R' 与 R 成反比。Z_{AB} 的大小随外加信号频率 f 变化的曲线叫做 Z_{AB} 的幅频特性曲线。幅频特性曲线的形状与谐振电路损耗电阻 R 的大小有关，R 越小曲线越尖锐。图 2-26 中实线所对应的谐振电路的损耗电阻比虚线所对应的谐振电路的损耗电阻小。

谐振电路损耗电阻的大小影响着电路选择性能的好坏。

通常用品质因数 Q 表示电路的性能。Q 的定义为：

$$Q = \frac{\omega_0 L}{R} = \frac{1}{\omega_0 RC} \qquad (2\text{-}31)$$

式中 ω_0 为谐振角频率，它与 f_0 的关系是：

$$\omega_0 = 2\pi f_0 \qquad (2\text{-}32)$$

从式（2-31）可以看出，损耗电阻越小，Q 值越高，则谐振回路的选频特性越好。总之，LC 谐振电路的总阻抗 Z_{AB} 在一特定频率 f_0 上具有最大值并且为纯阻性，而在其他频率上阻抗减小且为某一电抗性质（容性或感性），这就是 LC 并联谐振回路的选频特性。

2.7.2　简单调谐放大器

简单调谐放大电路的原理图仍为图 2-24，其中（a）电路原理图，（b）直流等效电路，（c）交流等效电路，LC 取代了 RC 放大电路中 R_c 的位置。在无负载时（$R_L = \infty$），由式（2-10）可得：

$$A_U = \frac{-\beta Z_{AB}}{r_{be}} \qquad (2\text{-}33)$$

当 LC 并联电路谐振时，式中 Z_{AB} 呈纯电阻性其值最大，此时，电压放大倍数最大且为负值，即输出电压与输入电压相位相反；当电路不谐振时，Z_{AB} 值减小也不是纯电阻性，电压放大倍数减小，输出与输入的相位也不相反了。这是调谐放大器的选频特性。理想调谐放大电路的幅频特性曲线如图 2-27。从曲线上可以看出，通频带窄则选择性好；反之，选择性差。

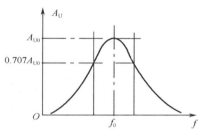

图 2-27　理想调谐放大电路的幅频特性曲线

2.7.3　典型调谐放大电路和调谐放大电路的应用

图 2-28 是一个典型的调谐放大电路，电路中偏置的放法和 RC 放大电路有所不同。电源电压 E_c 经过 R_{b1} 和 R_{b2} 分压后，再经过变压器次级绕组加到晶体管的基极。变压器次级的交流信号一端通过电容 C_b 接地，另一端接到基极上，这样可以避免 R_{b1}、R_{b2} 对交流信号产生衰减作用。晶体管集电极是通过 L_1 的抽头接到电源 E_c 的，这样可以减小晶体管输出参数对谐振回路的影响，提高电路的选择性。

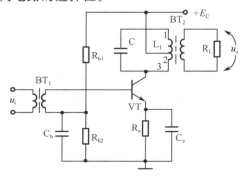

图 2-28　典型调谐放大电路

除了前面介绍的调谐放大器即单调谐放大电路，还有由两个调谐回路构成的双调谐放大电路。图 2-29 是一种双调谐放大电路。双调谐放大电路与单调谐放大电路的主要区别是电路的通频带宽且选择性好。

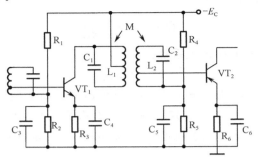

图 2-29　双调谐放大电路

图 2-30 是一个超外差式收音机的中放电路图。电路由两级单调谐放大器组成，每一级与下级的耦合均采用变压器耦合。调谐回路的频率均是 465kHz，信号通过两级中频放大器的放大可以获得足够的增益，而其他频率的信号受到抑制。

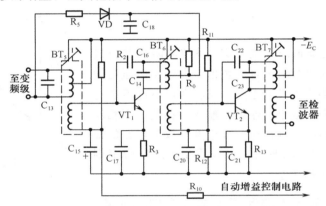

图 2-30　超外差式收音机的中放电路图

2.8　场效应晶体管放大电路

场效应晶体管放大电路与普通晶体管放大电路相比具有高输入阻抗和低噪声等优点，因而被广泛应用于各种电子设备中，尤其用场效应晶体管做整个电子设备的输入级可获得一般晶体管很难达到的性能。

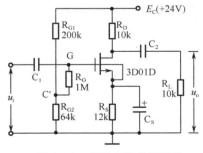

图 2-31　栅极电阻分压偏置
共源放大电路

2.8.1　电路构成

图 2-31 为一个由场效应晶体管组成的放大电路。电路中 R_{G1}、R_{G2} 分压确定 G 点电压，再经过电阻 R_G 加到场效应晶体管的栅极。但是，因为栅极无直流电流，所以 R_G 上没压降，即：

$$U_G = U'_G \qquad (2\text{-}34)$$

电路中使用的场效应晶体管是 N 沟道耗尽型场效应晶体管 3D01D。

2.8.2 电路静态工作点的计算

【例 2-8】 电路及电路参数如图 2-31，场效应晶体管的夹断电压 $U_\mathrm{p}=-0.8\mathrm{V}$，$I_\mathrm{DSS}=0.18\mathrm{mA}$

解：由图 2-31 可以看出，场效应晶体管的栅极电压由电源 E_D 经电阻 R_G1、R_G2 分压得：

$$U_\mathrm{G}=\frac{E_\mathrm{D}R_\mathrm{G1}}{R_\mathrm{G1}+R_\mathrm{G2}} \tag{2-35}$$

代入电路参数：

$$U_\mathrm{G}=\frac{64\times24}{200+64}\approx5.8\mathrm{V}$$

而场效应晶体管栅极和源极之间的电压为：

$$U_\mathrm{GS}=U_\mathrm{G}-U_\mathrm{s}=U_\mathrm{G}-I_\mathrm{D}R_\mathrm{S} \tag{2-36}$$

再由第一章中式 $I_\mathrm{D}=I_\mathrm{DSS}(1-U_\mathrm{GS}/U_\mathrm{p})^2$ 与（2-36）式联立，求未知数 I_D、U_GS：

$$U_\mathrm{GS}=5.8-12I_\mathrm{D}$$

$$I_\mathrm{D}=0.18(1-U_\mathrm{GS}/-0.8)^2=0.18(1+U_\mathrm{GS}/0.8)^2$$

由于解上述方程比较繁杂，如果忽略 U_GS（令 $U_\mathrm{GS}=0$），则：

$$I_\mathrm{D}=0.48\mathrm{mA} \quad U_\mathrm{DS}=24-0.48(12+10)=13.4\mathrm{V}$$

2.8.3 电路交流参数的计算

【例 2-9】 图 2-32 是图 2-31 的交流等效电路，$g_\mathrm{m}=700\mu\Omega=700\mu\mathrm{A/V}=0.7\mathrm{mA/V}$，计算该电路的电压放大倍数 A_U、输入电阻 r_i、输出电阻 r_o。

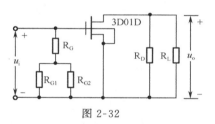

图 2-32

（1）电压放大倍数 A_U：

从交流等效电路电路可得：

$$u_\mathrm{o}=-i_\mathrm{d}(R_\mathrm{D}/R_\mathrm{L}) \tag{2-37}$$

$$u_\mathrm{i}=U_\mathrm{GS} \tag{2-38}$$

根据 g_m 的定义：$g_\mathrm{m}=i_\mathrm{d}/U_\mathrm{GS}$ 代入（2-27）式得：

$$u_\mathrm{o}=-g_\mathrm{m}U_\mathrm{GS}(R_\mathrm{D}/\!/R_\mathrm{L})$$

则电压放大倍数 A_U 为：

$$A_\mathrm{U}=\frac{u_\mathrm{o}}{u_\mathrm{i}}=\frac{u_\mathrm{o}}{U_\mathrm{GS}}=-g_\mathrm{m}(R_\mathrm{D}/\!/R_\mathrm{L}) \tag{2-39}$$

代入数据得：

$$A_\mathrm{U}=-0.7\times10^{-3}\times\frac{10\times10}{10+10}\times10^3=-3.5$$

（2）放大电路的输入电阻 r_i 和输出电阻 r_o：

从交流等效电路可得，放大电路的输入电阻 r_i：

$$r_\mathrm{i}=R_\mathrm{G}+(R_\mathrm{G1}/\!/R_\mathrm{G2}) \tag{2-40}$$

代入数据得：

$$r_\mathrm{i}=1+\frac{200\times64}{200+64}=1.05\mathrm{M}\Omega$$

放大电路的输出电阻 r_o：

$$r_o = R_D \tag{2-41}$$

代入数据得：
$$r_o = 10k\Omega$$

上面我们分析了一个典型的场效应晶体管放大电路，从分析过程中可以看出，它与晶体管放大电路有许多相似之处给分析带来方便，但是也有明显的不同，如：场效应晶体管的类型较多；偏置电路相对复杂。望读者在分析具体问题时加以注意。

本章小结

用来把微弱电信号放大到负载所需要数值的电路叫放大器。衡量放大器性能的指标一般有电压放大倍数、通频带、非线性失真、工作稳定性。

低频小信号共发射极放大器由一只晶体管和若干电阻、电容构成。电路中需要使晶体管集电结加反向偏压；发射结加正向偏压使晶体管处于放大状态。晶体管各极电流电压由直流成份和交流成份叠加而成。共发射极放大器的输入电压与输出电压之间的相位相差180°。

放大器的计算包括静态工作点的计算和交流参数的计算。图解法也是一种放大器的分析方法。

放大器的一个重要性质是，当输入信号的频率不同时，输出信号的幅度和相位都将随之发生变化，其变化规律称之为幅频特性和相频特性。

阻容耦合放大器在一个有限的频率范围内对输入信号进行放大。这个频率范围是放大器的通频带。通频带由上限频率和下限频率之差决定。放大器的上限频率和下限频率分别指放大倍数在高频段和低频段下降为中频段放大倍数的0.707倍时所对应的频率。

多级放大器的耦合方式有三种：阻容耦合、变压器耦合、直接耦合。

调谐放大器具有对某一频率 f_o 及其附近很窄的频率范围内的信号进行放大、对其他频率的信号进行抑制的能力。

场效应晶体管也是由 PN 结组成的半导体器件，其直流偏置电路与普通晶体管的偏置电路类似，但计算较繁，应特别细心。

习题 2

2-1 某放大器电压放大倍数是 300 倍，合多少分贝？

2-2 试画出 PNP 型晶体管接成简单共发射极放大电路，并标明静态工作点 I_{BQ}、I_{CQ}、U_{CEQ} 的方向。

2-3 在上题电路中加入交流信号，试画出各点电压和电流的波形图。

2-4 试估算图 2-习-1 所示放大电路的静态工作点，已知 $\beta = 60$。

2-5 若要使图 2-习-2 所示电路的静态工作点为 $I_{CQ} = 1.2$ 毫安，$U_{CEQ} = 4.8$ 伏试确定 R_b、R_c 的值。已知：$\beta = 50$。

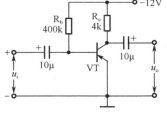

图 2-习-1

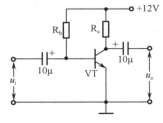

图 2-习-2

2-6　图 2-习-3 所示电路的接法，在调试静态工作点的过程中很可能使三极管损坏，试说明原因，并提出改进措施。

2-7　计算图 2-习-4 所示电路的静态工作点。

2-8　在图 2-习-4 所示放大电路中，试标明静态工作电流 I_{BQ}、I_{CQ}、I_{EQ} 的方向和静态工作电压 U_{BEQ}、U_{CEQ} 的极性。

2-9　如图 2-习-2 电路，试估算：

（1）电压放大倍数；

（2）输入电阻和输出电阻。

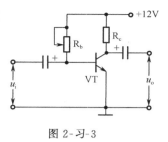

图 2-习-3

2-10　用普通示波器观察图 2-习-5 所示电路时，集电极对地电压波形出现三种情况，试说明各为哪种失真？应调整哪些元件才能使波形不失真。

2-11　具有负反馈的共发射极放大电路如图 2-习-6 所示，设放大器不带负载，$\beta=60$。求：

（1）画出放大器的直流和交流等效电路；

（2）$R_F=0$ 时，该放大器的输入电阻、输出电阻和电压放大倍数；

（3）$R_F=100\Omega$ 时，该放大器的输入电阻、输出电阻和电压放大倍数。

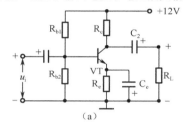

（a）

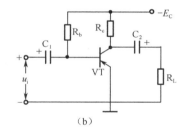

（b）

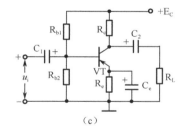

（c）

图 2-习-4

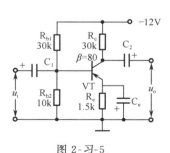

图 2-习-5

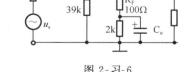

图 2-习-6

2-12　图 2-习-7 所示射极输出器，若 $\beta=50$，试计算输入电阻和输出电阻。

2-13　放大器的上限频率、下限频率、通频带各是怎样定义的？

2-14　图 2-习-8 所示两级放大电路，若已知晶体管 VT_1 的 $\beta_1=50$，$r_{be1}=2k\Omega$，晶体管 VT_2 的 $\beta_2=80$，$r_{be2}=1k\Omega$：

（1）试画出它的直流通路图并确定它的静态工作点；

（2）试画出两级放大电路的交流等效电路；

（3）试求各级放大电路的输入电阻和输出电阻；

（4）试求两级放大电路的电压放大倍数。

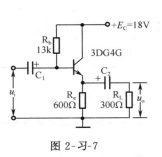

图 2-习-7

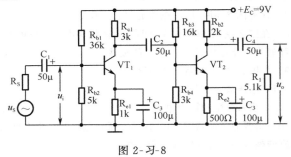

图 2-习-8

第3章

放大电路中的反馈

在各种电子设备中，放大电路的反馈具有极其广泛的应用。本章将介绍反馈的基本概念、反馈放大器的分类、判断及负反馈对放大器性能的影响。

3.1 反馈的基本概念

将放大电路（或系统）输出信号的一部分或全部通过一定的方式送回到输入端，并与输入信号一起参与控制，这种信号的回送过程叫反馈。

在前一章讨论放大器工作点稳定偏置电路时曾经讲过"反馈"。如图 3-1 所示的分压式电流负反馈偏置电路，它是靠负反馈来稳定工作点的。过程如下：

当温度 $T \uparrow \rightarrow I_{CQ} \uparrow \rightarrow I_{EQ} \uparrow \rightarrow U_E \uparrow \rightarrow U_{BEQ} \downarrow \rightarrow I_{BQ} \downarrow \rightarrow I_{CQ} \downarrow$。用输出回路电流 I_{CQ} 的变化，通过电阻 R_e 产生一个电压的变化回送到输入回路参与控制，结果抑制了 I_{CQ} 的变化，实现工作点的稳定，这就是反馈的控制。

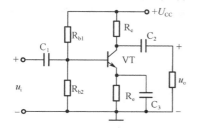

图 3-1　分压式电流负反馈偏置电路

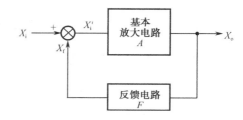

图 3-2　反馈放大器框图

反馈放大器可用图 3-2 所示的方框图表示。方框 A 代表没有反馈的基本放大电路，它可以是单级的或多级的，它的输入和输出信号分别用 X'_i 和 X_o 表示；方框 F 表示反馈电路，它的输入和输出信号分别用 X_o 和 X_f 表示。基本放大电路和反馈电路构成了闭合的环路，整个闭合环路表示带反馈的放大电路，X_i 和 X_o 分别表示输入和输出信号。在这里，X'_i 等于 X_i 与反馈信号 X_f 的叠加，即

$$X'_i = X_i + X_f \quad 或 \quad X'_i = X_i - X_f$$

显然，一般情况下 X_i 与 X'_i 是不相等的。我们把 X'_i 叫净输入信号，它是真正输入到基本放大电路的输入信号，X_i 称为总输入信号，在反馈信号 X_f 等于零时 X_i 与 X'_i 相等。图中的箭头表示信号传递的方向。一般来说，对基本放大电路而言是正向（即由输入端到输出端）传递，对反馈电路而言是反向传递。

从图 3-2 中看出，由于反馈电路的存在，放大电路的输入信号可以沿一个闭合的环路进行传递，这个环称为反馈环。通常无反馈的放大电路称开环电路，此时 X_i 和 X_i' 相等，有反馈的电路叫闭环电路，它的输入和输出信号分别为 X_i 和 X_o。

3.2　反馈放大器的分类

按照不同的分类方法，反馈有以下类别：

3.2.1　正反馈和负反馈

（1）正反馈：若引入反馈以后使放大器的净输入信号增加，放大倍数提高了，称为正反馈。正反馈多用于振荡电路。正反馈公式为：

$$X_i' = X_i + X_f$$

（2）负反馈：若引入反馈后使放大器的净输入信号减少，放大倍数降低了，称为负反馈。负反馈多用于放大电路以改善电路的性能。

判别正、负反馈采用瞬时极性法。负反馈公式为：

$$X_i' = X_i - X_f$$

3.2.2　电压反馈和电流反馈

（1）电压反馈：在反馈电路中，若反馈信号与输出信号电压成正比时（即反馈信号取自输出电压），称为电压反馈，即公式中的 $X_f = U_f$。

（2）电流反馈：在反馈电路中，若反馈信号与输出信号电流成正比时（即反馈信号取自输出电流），称为电流反馈。

判别电压反馈、电流反馈采用交流短路法，即令输出端交流短路，若输出信号电压 $u_o = 0$ 时反馈信号也为零，称为电压反馈，否则为电流反馈。

3.2.3　串联反馈和并联反馈

（1）串联反馈：如果反馈信号与输入信号在输入回路中相串联而起作用，称为串联反馈。既然相串联，必然以电压的形式相比较。

（2）并联反馈：如果反馈信号与输入信号在输入回路中相并联而起作用，称为并联反馈。既然相并联，必然以电流的形式相比较。

3.2.4　直流反馈和交流反馈

根据反馈信号本身的交、直流形式，可分为直流反馈和交流反馈。

如果反馈信号中只包含直流成分称为直流反馈；若反馈信号中只包含交流成分称为交流反馈。在很多情况下反馈信号兼有两种成分，故直、交流两种反馈兼而有之。

分压式偏置电路（见图 3-1）R_e 两端并有足够大的旁路电容 C_3，所以反馈电压（即 R_e 两端的电压）几乎不含交流成分，这就是直流反馈。这一直流反馈用以稳定静态工作点，对放大电路的各种动态参数（如放大倍数、输入输出电阻等）则无影响。因此，本章重点是分析交流反馈。

3.2.5　本级反馈和级间反馈

（1）本级反馈：是把本级的输出信号回送到本级输入端的反馈。

（2）级间反馈：是把某一级的输出信号回送到该级以前的某一级的输入端的反馈。

由以上反馈的分类，反馈可分为四种类型的典型电路，即电压并联反馈、电压串联反馈、电流并联反馈、电流串联反馈。

3.3　反馈放大器的判断

3.3.1　确定反馈元件

反馈元件是指在电路中起把输出信号回送给输入端作用的元件。反馈元件可以是一个或若干个，可以具有不同的性质、大小及位置等，但共同点是它们一端直接或间接地接于输入端，另一端直接或间接接于输出端。

【例 3-1】　试找出图 3-3 中所示的各电路的反馈元件。

图 3-3 所示电路的交流等效电路如图 3-4 所示。

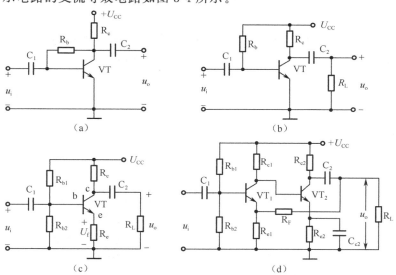

图 3-3　例 3-1 图

图（a）中 R_b 左端直接与输入端相接，R_b 右端直接与输出端相接，所以 R_b 是反馈元件。

图（b）中没有反馈元件，电路无反馈。

图（c）中的 R_e 是反馈元件，因为它既属于输入回路又属于输出回路，但它与图（a）中的 R_b 也不同，R_e 是间接地与输入端和输出端联系的。

图（d）中 R_{e1} 是本级的反馈元件；R_F 和 R_{e1} 是级间反馈元件，因为 R_F 的右端直接接在放大电路的输出端，而 R_F 的左端通过 R_{e1} 接到电路的输入回路。如果没有 R_{e1}，R_F 将与 R'_1 并联，它将只属于第二级，若没有 R_F，R_{e1} 将只属与第一级，所以 R_{e1} 和 R_F 为级间反馈元件。

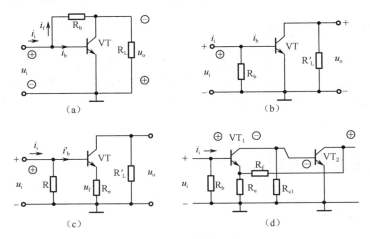

图 3-4　交流等效电路

3.3.2　判断反馈类型

图 3-4（a）：根据交流短路法，当 $u_o=0$ 时 $i_f=0$，反馈信号为零，所以 R_b 引入电压反馈。在输入回路中，输入信号与反馈信号是电流相比较，为并联反馈。因此，R_b 引入电压并联反馈。

图（c）：当 $u_o=0$ 时，$u_f=i_cR_e$，不等于零，反馈不为零，所以属于电流反馈。在输入回路中，反馈信号 u_f 与输入信号 u_i 是电压相比较，净输入信号电压 $u_{be}=u_i-u_f$，所以是串联反馈。因此，R_e 引入电流串联反馈。

图（d）中：R_{e1} 引入本级电流串联反馈。对于 R_{e1}、R_f 当 $u_o=0$ 时，此时反馈信号为零，所以是电压反馈；在输入回路中，反馈信号与输入信号的电压相比较，所以是串联反馈。因此，R_{e1} 和 R_f 引入级间电压串联反馈。

3.3.3　判断反馈极性

判断反馈极性采用瞬时极性法，即先假设放大电路原输入信号的极性为⊕或⊖，然后根据不同放大电路的输出输入特点，推断出反馈信号的瞬时极性与原假设输入信号瞬时极性的关系，如果反馈信号的存在使净输入增加了，反馈就是正极性的，反之是负极性的。

图 3-4（a）：设放大电路的输入信号的瞬时极性为⊕，因为共发放大电路的输出与输入倒相，所以 R_b 的右端的瞬时极性为⊖，低于"地"电位，所以电流 i_f 从左向右流的，$i_b=i_i-i_f$ 使净输入量减少，因此反馈是负极性的。

图（c）：设放大电路的输入信号的瞬时极性为⊕，因为共发放大电路基极与发射极同相，所以 R_e 上端为⊕，$u_{be}=u_i-u_f$，使净输入量减少，因此反馈是负极性的。

图（d）：设放大电路的输入信号的瞬时极性为⊕，先分析 R_{e1} 与 R_F 引入的级间反馈，由图 VT_1 基极瞬时极性⊕，那么 BG_1 集电极为⊖，VT_2 基极为⊖，VT_2 集电极为⊕，即 R_F 右端为⊕时，在 R_e 上产生上⊕下⊖的反馈电压，使净输入电压减少，所以 R_{e1} 和 R_F 引入级间负反馈。R_{e1} 引入本级负反馈。

我们再看一个例题：

【例 3-2】　试找出图 3-5 所示的电路中所有的反馈元件并判断反馈的类型和极性。

首先分析图（a）中的反馈。

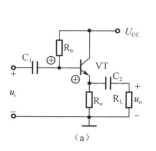
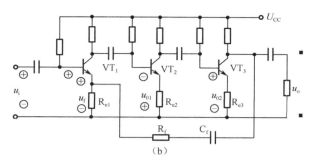

图 3-5 例 3-2 图

图 3-5 （a）是一个射极输出器。R_e 和 R_L 是反馈元件，因为它的上端既是输出端又在输入回路；因它直接与输出端相接，即 $u_o＝0$ 时，反馈信号为零，而与输入信号电压相比较，所以 R_e 引入电压串联反馈。根据图中瞬时极性，这个反馈是负极性的，即 R_e 引入电压串联负反馈。

特别应当注意的是，这里 R_e 与图 3-3 （c）中 R_e 虽然都接在三极管的射极与地之间，但两者的反馈类型是不同的，一个是电压反馈，另一个是电流反馈，这是由于电路输出端不同造成的。

再分析图 （b）中的反馈。

图 3-5 （b）中存在三个本级反馈和一个级间反馈。R_{e1} 是第一级的本级反馈元件，除偏置外与图 3-3 （c）中 R_e 作用是一样的，所以 R_{e1} 引入本级的电流串联负反馈。同样，R_{e2} 和 R_{e3} 分别引入第二级和第三级的本级电流串联负反馈。

R_f、C_f 和 R_{e1} 引入级间反馈。因为 C_f 右端接输出端，当 $u_i＝0$ 时反馈信号为零。反馈信号与输入信号电压相比较，所以是电压串联反馈，由图中瞬时极性，$u_{be}＝u_i＋u_f$，使净输入信号增加，所以是正反馈。R_f、C_f 和 R_{e1} 引入级间电压串联正反馈。

由例 3-1 和例 3-2 的分析可以得如下结论：对于串联反馈，当反馈信号的瞬时极性与原假设的输入信号的瞬时极性相同时，反馈是负极性的，相反时反馈是正极性的。并联反馈与串联反馈正好相反，也就是说，当反馈回到输入端时，若其瞬时极性与原假设的输入端信号的瞬时极性相同，那么反馈是正极性的，若相反，则反馈是负极性。

正反馈将在下章振荡电路中讨论，本章我们重点讨论负反馈对放大电路性能的影响。

3.4 负反馈对放大电路性能的影响

负反馈放大器是由一个对输入信号进行放大的基本放大器和一个把输出信号回送到输入端的反馈网络所组成，用图 3-6 所示方框图表示。

基本放大器放大倍数：

$$A＝\frac{X_o}{X_i'} \tag{3-1}$$

A 也称开环放大倍数。

反馈网络的输出 X_f 与输入 X_o 之比，称为反馈系数，用 F 表示，

即：

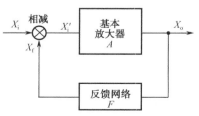

图 3-6 负反馈放大器方框图

$$F = \frac{X_f}{X_o} \quad (3\text{-}2)$$

净输入信号 $X_i' = X_i - X_f$。 $\quad (3\text{-}3)$

反馈放大器的放大倍数称为闭环放大倍数，用 A_f 表示，

即： $\quad A_f = \frac{X_o}{X_i} \quad (3\text{-}4)$

由式（3-3）可得 $X_i = X_i' + X_f$，代入式（3-4）：

$$A_f = \frac{X_o}{X_i' + X_f} = \frac{\frac{X_o}{X_i'}}{1 + \frac{X_f}{X_i'}}$$

其中：$\frac{X_o}{X_i'} = A$，即开环放大倍数；

$\frac{X_f}{X_i'} = \frac{X_o}{X_i'} \cdot \frac{X_f}{X_o} = A \cdot F$，称为环路增益。

则： $\quad A_f = \frac{A}{1 + AF} \quad (3\text{-}5)$

（3-5）式说明反馈放大器的闭环放大倍数是开环放大倍数的 $1/(1+AF)$ 倍，这是负反馈放大器的基本关系式。式中 $(1+AF)$ 称为反馈深度。反馈系数 F 反映反馈电路反馈能力的强弱，它的最大值是 1，这种情况称为全反馈，即 $X_f = X_o$。

若 $1+AF>1$，则 $A_f<A$，属于负反馈。若 $1+AF<1$，则 $A_f>A$，属于正反馈。若 $1+AF=0$，则 $A_f=\infty$，是没有输入信号时有输出信号，这种现象称为自激，是正反馈的一个特殊情况。

如果 $\quad AF \gg 1 \quad (3\text{-}6)$

那么公式（3-5）可简化为：

$$A_f \approx \frac{A}{AF} = \frac{1}{F} \quad (3\text{-}7)$$

如果一个放大电路满足式（3-7），就称该电路具有深度负反馈。在此情况下，闭环放大倍数只与反馈系数 F 有关，与开环放大倍数无关。式（3-6）称为深度负反馈的条件。

引入负反馈后使放大器的放大倍数降低了，但可以使放大器的其他性能得到改善。

3.4.1 提高放大电路增益的稳定性

放大电路引入负反馈可以提高放大电路工作的稳定性。通常用放大倍数相对变化量的大小来表示其稳定性的优劣，相对变化量小的稳定性好，相对变化量大的稳定性差。

根据稳定性概念，开环和闭环电路的稳定性分别用 $\Delta A / A$ 和 $\Delta A_f / A_f$ 表示，两者的关系是：

$$\frac{\Delta A_f}{A_f} = \frac{1}{1 + AF} \times \frac{\Delta A}{A} \quad (3\text{-}8)$$

显然，负反馈放大器的闭环放大倍数的相对变化量 $\Delta A_f / A_f$ 小于开环放大倍数的相对变化量 $\Delta A / A$。

在深度负反馈条件下：$A_f \approx \frac{1}{F}$，说明 A_f 只与反馈网络的元件参数有关，而与放大电

的其它元器件参数基本无关。反馈网络大多由阻容元件组成，性能非常稳定，因此放大电路的放大倍数比较稳定。

3.4.2　展宽通频带

我们已经知道，由于电抗元件的影响，放大器幅频特性曲线的中频部分放大倍数较高，曲线平坦；高频端和低频端的放大倍数都要下降，曲线下垂。

当给放大器加上负反馈后，由于中频部分增益高，负反馈作用大；低频、高频部分增益低，负反馈作用小。这样，中频部分增益下降的幅度比低频、高频部分下降得多，自然使上、下限频率都要扩展，放大器的频带就展宽了。

用 f_b 和 f_{bf} 分别表示放大电路开环和闭环的通频带，那么二者满足下式关系：

$$f_{bf} = (1 + AF) f_b \tag{3-9}$$

值得注意的是上述通频带的展宽受到晶体管截止频率的限制。

3.4.3　改善非线性失真

对于理想放大电路，它的输出信号波形应不产生失真。若输入信号是正弦波，输出信号也是正弦波。由于晶体管是非线性器件，放大后的波形会产生失真，这种失真称非线性失真。

在放大电路中引入负反馈可以改善非线性失真，如图 3-7 所示。设图（a）中输入信号 u_i 为正弦波，经放大后输出信号 u_o 产生失真，即正半周幅度大，负半周幅度小。图（b）为引入负反馈后，失真的改善过程。

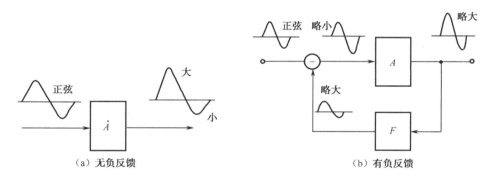

图 3-7　非线性失真的改善

反馈网络一般由阻容元件组成（即线性元件组成），反馈信号正比于输出信号，即反馈信号也是正半周大、负半周小。在输入回路输入信号 u_i 与反馈信号 u_f 混合后的净输入信号 u'_i 是正半周小、负半周大，其失真恰好与输出信号的非线性失真情况相反，因而有效地补偿输出信号的非线性失真。

3.4.4　抑制放大器内部噪声

放大器输出噪声的大小一般用放大器输出端信噪比 S/N 来衡量。

$$S/N = \frac{输出信号电压}{输出噪声电压} \tag{3-10}$$

显然，信噪比越高，输出噪声电压比例越小，放大电路受干扰也小。如一个放大电路具有较高的信噪比，那么就称为这个电路具有较强抗干扰能力。

利用负反馈可以提高放大器内部的信噪比，但前提是在加负反馈的同时要增强输入信号幅度，即通过提高式（3-10）的分子、降低分母来提高其分数值。负反馈只对反馈的内部噪声有抑制能力，对与输入信号一同进入放大电路的外部噪声无抑制能力，因为在任何情况下，噪声与有用信号的相对大小不会改变，所以信噪比不能获得提高。

3.4.5 对输入电阻和输出电阻的影响

1. 对输入电阻影响

负反馈对输入电阻的影响取决于输入电路的连接形式（串联反馈或并联反馈），而与输出端的连接形式无关。

串联负反馈使放大器输入电阻提高，并联负反馈使放大器的输入电阻降低。

2. 对输出电阻的影响

负反馈对放大器输出电阻的影响取决于输出端的连接形式（电压反馈或电流反馈），而与输入端的连接形式无关。

电压负反馈使放大器输出电阻降低，电流负反馈对放大器输出电阻的影响不是很明显，一般说基本不变或略有提高。

通过以上分析，可以看到负反馈可以改善放大电路的性能，因此被广泛应用于实际电路。但我们也同时看到，负反馈对电路性能的改善是以降低放大倍数为代价的。

 本章小结

（1）掌握反馈的基本概念、类型。

（2）掌握反馈的判断方法：

正反馈：$X_i' = X_i + X_f$，使放大倍数增大；负反馈：$X_i' = X_i - X_f$，使放大倍数下降。电压反馈：$X_f \propto U_o$；电流反馈：$X_f \propto I_o$。串联反馈：输入端为 u_i、u_f、u_i' 三个电压相比较；并联反馈：输入端为 I_i、I_f、I_i' 三个电流相比较。

（3）以负反馈放大器基本关系式为核心，掌握开环增益 $A = \dfrac{X_o}{X_i}$，反馈系数 $F = \dfrac{X_f}{X_o}$，闭环增益 $A_f = \dfrac{X_o}{X_i}$ 的定义和基本关系式 $A_f = \dfrac{A}{1 + AF}$。

（4）负反馈对放大电路性能的影响：降低放大倍数，提高放大倍数的稳定性，改善非线性失真，展宽频带，改变输入、输出电阻。

习题 3

3-1 回答下列问题：

（1）什么叫反馈？什么叫正反馈？什么叫负反馈？

（2）反馈有哪些类型？如何判断？

3-2 找出图 3-习-1 所示各电路中的反馈元件，并判断反馈的类型和极性

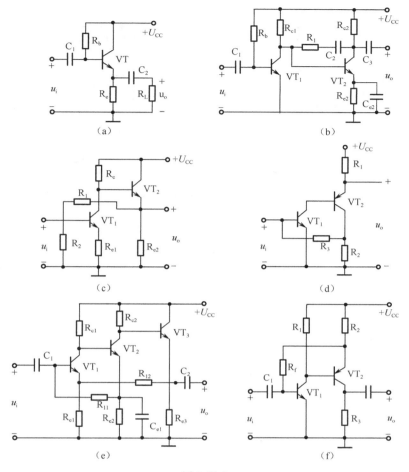

图 3-习-1

3-3　一个电压串联负反馈放大器，当输入电压为 0.1V 时，输出电压为 2V，去掉反馈后，输入 0.1V 时，输出电压为 4V，计算反馈系数 F。

3-4　已知某负反馈放大电路的反馈系数 $F=0.01$，如果要求闭环后 A_f 在 30 以上，问其开环放大倍数 A 最小应为多少？

3-5　两级放大电路如图 3-习-2：

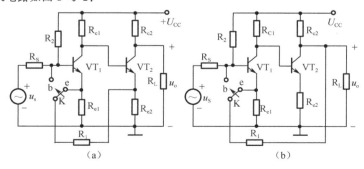

图 3-习-2

（1）判断两个图中所有局部反馈的类型；

（2）当开关 K 分别接到 b 或 e 时，各形成什么类型的反馈。

3-6 图 3-习-3 各电路中具有何种类型反馈，它们主要由哪些元件引起的？

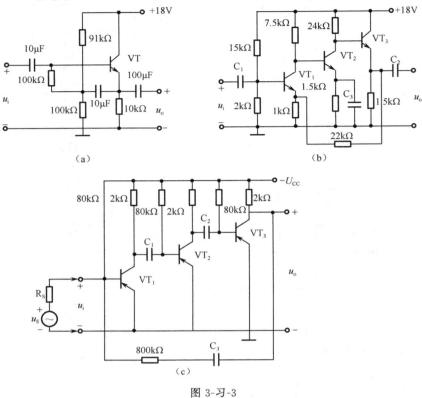

（a）

（b）

（c）

图 3-习-3

第4章
直流放大电路与集成运放

在各种无线电设备、自动控制系统、电子仪器和电子计算机中，不但常常需要放大随时间缓慢变化的信号，而且常常用到集成运算放大器。本章将讲述直流放大电路的基本概念；差动放大器的组成及工作原理；集成运算放大电路的特点、运算功能及简单应用。

4.1　直流放大电路的几个特殊问题

直流放大电路是指放大直流电流、直流电压或缓慢变化的非周期性的电流、电压的放大电路。也就是说，直流放大电路必须具有下限工作频率接近于零或等于零的良好低频特性。图 4-1 对交流、直流放大电路的频率特性进行了比较，图（a）为直流放大电路的频率特性，图（b）为交流放大电路的频率特性。

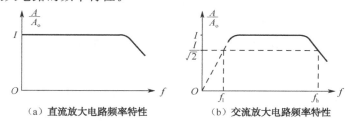

（a）直流放大电路频率特性　　　　（b）交流放大电路频率特性

图 4-1　交、直流放大电路频率特性的比较

4.1.1　直接耦合

由于直流放大电路放大的是工作频率趋于零的电信号，因此，它的级与级之间既不能采用第二章讲过的阻容耦合方式，也不能采用变压器耦合方式，只能采用直接耦合方式，即把前级的输出端直接通过电阻或二极管与后级的输入端联接起来。图 4-2 所示是一个直接耦合两级直流放大电路。

上述直接耦合直流放大电路前后级间存在直流通路，当前级工作点发生变化时其后级将受到影响。VT_2 的基极电位等于 VT_1 的集电极电位，使得 VT_2 的静态基极电流过大，工作于深度饱和状态。因此，在实际电路中，通常采取垫高发射极电位的改进办法。

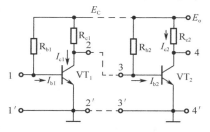

图 4-2　两级直接耦合放大电路

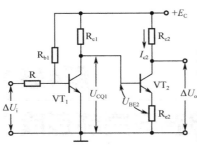

图 4-3　具有 R_e 的直接耦合电路

1. 具有 R_e 的直接耦合电路

如图 4-3 所示电路中，在 VT_2 的发射极电路串联电阻 R_{e2}，利用 VT_2 的集电极电流在 R_{e2} 上产生压降达到提高 VT_2 发射极直流电位的目的。由于

$$U_{CQ1} = U_{BE2} + I_{CQ2} \cdot R_{e2}$$

就使得 U_{CQ1} 相应地提高，I_{CQ1} 相应地减小，VT_1 的工作点下移，增大了 VT_1 的工作范围，可以提高第一级输出信号的幅度。此电路的缺点是 R_{e2} 对输入信号有电流串联负反馈作用，使 VT_2 的放大倍数下降。

2. 发射极具有二极管或稳压管的直接耦合电路

用二极管或稳压管来代替 R_{e2} 既可以提高 VT_2 的发射极电位，又能克服由 R_{e2} 所产生的电流串联负反馈作用。

在图 4-4（a）所示的电路中，把交流电阻很小的二极管正向串联到 VT_2 的发射极，利用二极管的正向压降代替 R_{e2} 上的压降，达到提高 VT_2 发射极电位的目的。由于二极管的交流电阻（动态电阻）很小，对交流信号负反馈作用也随之减小，因此对第二级的放大倍数影响不大。

在图 4-4（b）所示的电路中，用稳压管代替二极管可以获得更好的效果。稳压管的交流电阻比一般二极管的动态电阻还小，因此对第二级放大倍数产生的影响就更小。根据实际电路的需要，选择稳定电压不同的稳压管，可以灵活自如地调节 VT_2 的工作点。值得注意的是，如果 VT_2 的集电极电流 I_{c2} 小于稳压管的最小工作电流，稳压管不能正常工作。为确保稳压管工作在稳压区，在电源 E_C 和稳压管之间串接一个限流电阻 R_Z，以此来提供稳压管正常工作所需的电流。

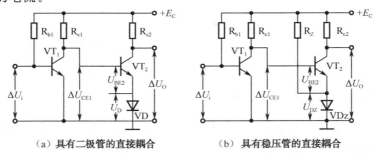

（a）具有二极管的直接耦合　　　（b）具有稳压管的直接耦合

图 4-4　发射极具有二极管、稳压管的直接耦合电路

3. 分压式耦合电路

分压式耦合电路有两种，即电阻分压式耦合电路和稳压管分压式耦合电路。

电阻分压式耦合电路如图 4-5（a）所示，这是最简单的分压式耦合电路。VT_2 的基极电位由 VT_1 的集电极电位和辅助电源 $-E_B$ 共同决定。如果 VT_1 的集电极电位为 4V，正常工作时发射结的管压降为 0.7V，则 VT_2 的基极电位就为 0.7V。适当选择 R_1、R_2 的阻值，使 R_1、R_2 上的电压分别为 3.3V 和 0.7V 就可以保证 VT_2 正常工作。这种电路的缺点是信

号在 R_1 上损耗较大。

为克服电阻分压式耦合电路的缺点，用稳压管来代替 R_1，即稳压管分压式耦合电路，如图 4-5（b）所示。用稳压管 VD_2 代替电阻 R_1 以后，可以利用稳压管两端具有恒定的电压而其内阻又很小这一特点既可把高电位降到所需的低电位，又可把信号有效地传输到下一级。

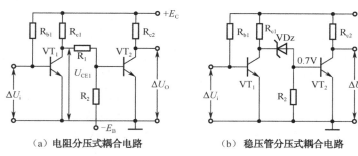

（a）电阻分压式耦合电路　　　（b）稳压管分压式耦合电路

图 4-5　分压式耦合电路

4. NPN 管与 PNP 管配合的直接耦合电路

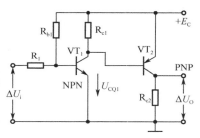

利用 NPN 型管与 PNP 型管的电压极性相反这一特点，将它们互相配合使用，联接成如图 4-6 所示的直接耦合直流放大电路。

上述电路的优点是：既可使 VT_1 的集电极电位较高又可使 VT_2 的发射极与基极之间的电压 U_{be} 保持在零点几伏，能够使 VT_2 正常工作，使第二级输出有较大的动态范围。由于 NPN 型管多为锗管，温度稳定性差，反向电流较大，在实际应用中最好选用硅 PNP 型管。

图 4-6　NPN 与 PNP 配合的直接耦合电路

4.1.2　零点漂移问题

1. 零点漂移

当放大电路处于静态时，即输入的信号电压为零时，输出端的静态电压应为恒定不变的稳定值。在直流放大电路中，即使输入信号电压为零，输出电压也会偏离稳定值而发生缓慢的、无规则的变化，这种现象叫做零点漂移，简称零漂，如图 4-7 所示。

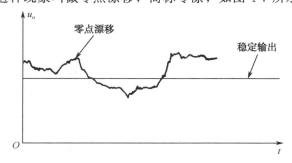

图 4-7　零点漂移现象

由于温度变化，电源电压波动、晶体管老化等原因，使得晶体管参数发生变化，引起各级放大电路的零点漂移。对于阻容耦合或变压器耦合多级放大电路，由于耦合电容和变压器的作用，这种无规则缓慢变化的输出电压被限定在本级内，不会影响到下一级，更不会逐级放大。不管采用什么形式的偏置电路，只要工作点选择适当，放大电路就可以正常工作。

在多级直流放大电路中，由于级与级之间采用的是直接耦合，第一级输出的缓慢变化电压，经过逐级放大，使最后一级输出的电压偏离稳定值。电路的放大级数越多，各级的放大倍数越大，输出电压偏离稳定值越严重，即零点漂移越严重。

在多级直流放大电路中，每一级的静态输出电压均会发生漂移，但是输入级的零点漂移经过的放大级数最多。因此，输出端输出电压的漂移主要取决于输入级的零点漂移。如图 4-8 所示的三级直接耦合放大电路零点漂移示意图。假设每一级的电压放大倍数为 20，若输入电压 $U_i = 0$ 时，第一级的漂移电压为 0.005V，经过逐级放大后第三级输出端的漂移电压值达 2V。这里不仅第一级电压漂移值是极小的，而且还忽略了第二级、第三级自身的漂移电压值。对于这样的放大电路，只有所需的输出电压值比 2V 大得多才行，否则无法从零点漂移信号与有用信号中，将有用信号区分出来。因此，要减小直流放大电路的零点漂移，关键是解决输入级的零点漂移，否则当直流放大电路对有用的微弱信号进行放大时，它可能被零点漂移"淹没"掉，在输出端很难把有用信号与零点漂移分辨出来。更为严重的是，零点漂移可能使直流放大电路的末级进入饱和状态或截止状态，使放大电路不能正常工作。由此可见，零点漂移是直流放大电路必须克服的一个严重问题。

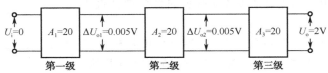

图 4-8　零点漂移后果示意图

2. 输入漂移

在判定直流放大电路的质量优劣时，只看零点漂移电压的大小是片面的，不妥当的，还必须考虑其放大倍数的大小。因此，直流放大电路在实际应用中，常把输出端零点漂移电压与放大电路放大倍数的比值，即输入端等效零点漂移电压，简称输入漂移，作为衡量直流放大电路质量优劣的一个重要指标。输入漂移的重要意义在于它确定了直流放大电路正常工作时，所能放大的有用信号的最小值。只有输入的有用信号电压大于输入漂移电压时，才能在输出端将有用信号分辨出来。

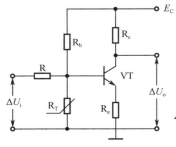

图 4-9　利用热敏电阻补偿放大管零漂

3. 抑制零点漂移的措施

（1）选用稳定性能好的高质量的硅管。

（2）采用单级或级间负反馈，减小零点漂移。

（3）采用直流稳压电源，减小由于电源电压波动所引起的零点漂移。

（4）利用热敏元件补偿放大管零漂。

利用热敏元件可以有效地补偿放大管受温度影响引起的零点漂移，如图 4-9 所示利用热敏电阻 R_T 来补偿放大管零点漂移典型电路。补偿过程如下（设温度 T 上升）：$T \uparrow \rightarrow I_c \uparrow R_T \downarrow \rightarrow I_b \downarrow \rightarrow I_c \downarrow$

　　只要对热敏电阻 R_T 和晶体管选择、配合得好，使温度上升造成的 I_c 增加值与 R_T 减小造成的 I_c 减小值恰好完全补偿，则放大电路的零点漂移可以被完全抑制掉。

　　（5）采用差动放大电路。

　　差动放大电路可以有效地抑制零点漂移，是直流放大电路的主要形式。在下一节将重点分析差动放大电路。

4.2　差动放大电路

　　差动放大电路又叫差分放大电路或差值放大电路。它不但能够有效地放大直流信号，而且能够有效地减小由于电源电压波动和晶体管的 U_{BE} 值、β 值及 I_{CEO} 随温度变化所引起的零点漂移，因而获得了十分广泛的应用，它常被用作多级放大电路的前置级。

4.2.1　双端输入－双端输出差动放大电路

1. 简单差动放大电路

　　最简单的差动放大电路如图 4-10 所示。它由两个完全相同的单管放大电路组成，即晶体管 VT_1 和 VT_2 的特性应该一致，电路中相应元件的参数也要相同，如图 4-10 所示。

　　（1）对零点漂移的抑制作用。

　　差动放大电路的左、右电路完全对称。如果没有输入信号，只是由于温度变化或电源电压的波动而引起两管集电极电流变化，那么集电极电流的变化量是大小相等、方向相同的，两个管子的输出电压相等，即 $\Delta U_{o1} = \Delta U_{o2}$，总的输出电压 $\Delta U_o = \Delta U_{o1} - \Delta U_{o2} = 0$，则零点漂移电压为零。无论温度或电源电压怎样变化，两管的集电极电压总是同时升高或下降，而且上升或下降的值是相等的，因而输出电压总为零，零点漂移就这样被抑制了。

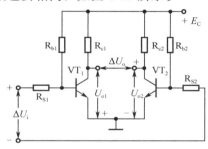

图 4-10　简单差动放大电路

　　差动放大电路的零点漂移电压折算到输入端时，相当于在晶体管的 VT_1 和 VT_2 的输入端加上大小相等、极性相同的输入漂移信号电压。通常，把这种大小相等、极性相同的输入信号叫做共模信号，并把这种输入方式叫做共模输入方式。

　　（2）对差模信号的放大作用。

　　把有用信号加到差动放大电路的输入端，则加到 VT_1 与 VT_2 的信号电压极性如图 4-10 所示。如果加在晶体管 VT_1 的基极到地的信号电压是正极性，则加到晶体管 VT_2 的基极到地的信号电压是负极性。如果电路完全对称，则信号电压的大小是相等的。这种极性相反、大小相等的信号叫做差模信号，并把这种输入方式叫做差模输入方式。直流放大电路的放大倍数是这样定义的：输入直流电压变化量为 ΔU_i，输出直流电压变化量为 ΔU_o，ΔU_o 与 ΔU_i 的比值为直流放大电路的电压放大倍数，即：

$$A = \Delta U_o / \Delta U_i \tag{4-1}$$

　　应当指出，交流放大电路中推导出来的电压放大倍数、输入电阻、输出电阻等公式在直流放大电路中仍然适用，只是要注意把交流符号改换成直流符号。

　　从图 4-10 中可以看出，加在晶体管 VT_1、VT_2 的输入电压 ΔU_{i1}、ΔU_{i2} 的大小总为输入

电压 ΔU_i 的一半，并且极性相反，即：

$$\Delta U_{i1} = \frac{1}{2} \Delta U_i$$

$$\Delta U_{i2} = -\frac{1}{2} \Delta U_i$$

由于倒相作用，使得 VT_1 的输出电压 ΔU_{o1} 减小，VT_2 的输出电压 ΔU_{o2} 增加，总的输出电压 ΔU_o 为两管输出电压之差，即：

$$\Delta U_o = \Delta U_{o1} - \Delta U_{o2}$$

差动放大电路中，晶体管 VT_1、VT_2 的放大倍数与带信号源内阻的交流放大电路的放大倍数计算方法相同，即：

$$A_1 = \frac{\Delta U_{o1}}{\Delta U_{i1}} = -\frac{\beta R_c}{R_{b1} + r_{be}}$$

综合前面 ΔU_{i1}、ΔU_{i2} 与 ΔU_i 的关系，则：

$$\Delta U_{o1} = A_1 \cdot \Delta U_{i1} = \frac{1}{2} A_1 \Delta U_i$$

$$\Delta U_{o2} = A_2 \cdot \Delta U_{i2} = -\frac{1}{2} A_2 \Delta U_i$$

差动放大电路中，VT_1 与 VT_2 放大倍数相等，$A_1 = A_2$，总输出电压 ΔU_o 为：

$$\Delta U_o = \Delta U_{o1} - \Delta U_{o2} = \frac{1}{2} A_1 \Delta U_i - \left(-\frac{1}{2} A_2 \Delta U_i \right) = A_1 \Delta U_i$$

差动放大电路的电压放大倍数为：

$$A_1 = A = \frac{\Delta U_o}{\Delta U_i} = -\frac{\beta R_c}{R_{b1} + r_{be}} \tag{4-2}$$

由上式可知，差动放大电路的电压放大倍数与单管放大电路的放大倍数相同。可以认为，差动放大电路的特点是多用一半电路来换取对零点漂移的抑制。应当指出，这种电路的接法叫做双端输入、双端输出，即输入电压对地平衡叫做双端输入；输出电压对地平衡叫做双端输出。差动放大电路还有其他接法，下面再讲。

（3）共模抑制比。

差动放大电路主要优点是可以有效地放大差模信号，有效地抑制共模信号。对差模信号的放大倍数越大，对共模信号的放大倍数越小，电路对共模信号抑制能力越强，放大电路的性能越好。为全面描述这一特点，引入共模抑制比，即差模放大倍数 A_d 与共模放大倍数 A_c 之比，通常用符号 CMRR 表示，即：

$$\mathrm{CMRR} = \frac{A_d}{A_c} \tag{4-3}$$

当电路完全对称时，共模放大倍数 A_c 为零，则共模抑制比 CMRR 趋于无穷大，这表明差动放大电路的输出零点漂移为零。当电路不完全对称时，对输入的共模信号就会有一定的输出电压，即共模放大倍数 A_c 不为零。电路对称性越差，A_c 越大，共模抑制比 CMRR 越小，说明放大电路零点漂移越严重。总之，CMRR 代表了电路抑制零点漂移的能力，代表了电路工作的稳定程度，它是衡量、评定差动放大电路质量优劣的重要指标。

简单差动放大电路利用对称性抑制零点漂移，当三极管的对称性不好或元件参数的对称性不好时，电路的抑制能力减弱。尤其是当输出方式由双端输出改成单端输出时，电路的抑制能力将完全丧失。由于存在上述问题，该电路在使用中受到很多限制，为此有必要对它进行改进。

2. 典型差动放大电路

（1）电路构成特点。

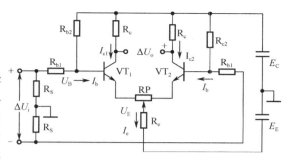

图 4-11　典型差动放大电路

典型差动放大电路如图 4-11 所示，它也是一个左右对称的电路。但三极管射极不像简单电路那样直接接"地"，而是经 RP 和 R_e 接到负电源 E_E 上。其中 RP 是平衡电阻，调节它可以达到 $I_{c1} = I_{c2}$ 的目的。该电阻阻值很小，一般只有几十欧或上百欧。因为它对输入信号有负反馈作用，所以阻值不能过大。

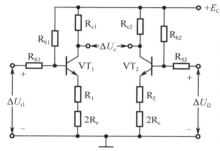

图 4-12　典型差动放大电路的共模等效电路

（2）R_e 对共模信号的负反馈作用。

设电路完全对称，那么由于温度变化引起 VT_1、VT_2 的集电极电流同时变化，并且变化量大小相等方向相同，用式表示为 $\Delta I_{c1} = \Delta I_{c2} = \Delta I_c$。同样，两管射极电流的变化量也满足大小相等方向相同，即 $\Delta I_{e1} = \Delta I_{e2} = \Delta I_e$，流过 R_e 的电流为两管电流增量之和 $2\Delta I_e$，它在 R_e 上产生的反馈电压为：

$$\Delta U_f = 2\Delta I_e \cdot R_e$$

这相当于在每个管子的发射极接入 $2R_e$ 的电阻，其共模信号等效电路图如图 4-12 所示。R_e 上的反馈电压比单管放大电路增大一倍，共模信号的净输入大大减小，放大电路的工作稳定性大大提高，使其有效地抑制了零点漂移。其抑制零点漂移的过程，可以写成如下形式：

温度 $T\uparrow$ ...

（3）R_e 对差模信号无负反馈作用。

当电路完全对称且输入差模信号时，如果 VT_1 的集电极电流增大 ΔI_{c1}，那么 VT_2 的集电极电流必然减小 ΔI_{c2}，并且 $\Delta I_{c1} = -\Delta I_{c2}$，与之相应的发射极电流变化量为 $\Delta I_{e1} = -\Delta I_{e2}$，这样流过 R_e 的总电流变化量为零，即：

$$\Delta I_e = \Delta I_{e1} + \Delta I_{e2} = 0$$

则差模信号在 R_e 上产生的反馈电压为零，即：

$$\Delta U_f = \Delta I_e \cdot R_e = 0$$

可见，对差模信号而言，每个晶体管的发射极对地是短路的，其差模等效电路如图 4-13 所示。

由于 R_e 对差模信号无负反馈作用，所以典型差动放大电路的差模放大倍数与 R_e 的大小无关。

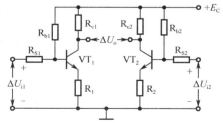

图 4-13　典型差动放大电路的差模等效电路

（4）电路分析。

假定图 4-11 所示电路是完全对称的，并且输入电压 $U_i=0$ 时，基极电流 $I_{b1}=I_{b2}=I_b$，集电极电流 $I_{c1}=I_{c2}=I_c$，在 VT_1、VT_2 的基极回路中有如下关系（忽略 RP）：

$$I_b(R_S+R_{b1})+U_{be}+I_eR_e=E_C$$

由于 I_b (R_S+R_{b1})、U_{be} 均比 I_eR_e 小得多，为了计算方便，将它们忽略，则发射极电流为：

$$I_e\approx\frac{E_E}{R_e}$$

每个管子的集电极电流为：

$$I_c\approx\frac{I_e}{2}\approx\frac{E_E}{2R_e}$$

每个管子的基极电流为：

$$I_b=\frac{I_c}{\beta}\approx\frac{E_E}{2\beta R_c}$$

基极电位为：

$$U_B=-I_b\ (R_S+R_{b1})$$

集电极电位为：

$$U_C=E_C-I_cR_c$$

以上只是对典型差动放大电路静态工作点的一种估算，在计算过程中忽略了 $I_b(R_S+R_{b1})$ 和 U_{be}，其结果与实际误差并不大，作为估算是允许的。

下面进行动态分析。假定 RP 的动臂在中间位置，它与简单差动放大电路的区别在于输入电阻增加了 $\frac{1}{2}\beta R_{RP}$，这是因为 RP 中只流过一个晶体管的发射极电流，对差模信号有负反馈作用，使电压放大倍数下降。因此，电压放大倍数的公式应写成：

$$A=\frac{\Delta U_o}{\Delta U_i}=-\frac{\beta R_c}{R_{b1}+r_{be}+\frac{1}{2}\beta R_{RP}}\tag{4-4}$$

差模输入电阻是从 VT_1 的输入端到 VT_2 的输入端所经过的全部电阻，即：

$$r_i=2\left(R_{b1}+r_{be}+\frac{1}{2}\beta R_{RP}\right)\tag{4-5}$$

差模输出电阻是从输出端向里看去的等效电阻。由于 VT_1、VT_2 的输出电阻较大，输出电阻近似为两个集电极电阻 R_c 的串联值，即：

$$r_o\approx2R_c\tag{4-6}$$

【例 4-1】　在图 4-10 所示电路中，$E_C=E_E=12V$，$R_{b1}=20k\Omega$，$R_{b2}=300k\Omega$，$R_c=10k\Omega$，R_W、R_W 忽略不计，$U_{be}=0.7V$，$\beta_1=\beta_2=50$，试估算电路的静态工作点和交流参数。

解：由于电路是对称的，因此 $I_{b1}=I_{b2}=I_b$，$I_{c1}=I_{c2}=I_c$。因为理想情况是信号源对晶体管的分流为零，所以 $U_B=0$，$U_E=-0.7V$。流过发射极电阻 R_e 的电流为：

$$I_e=\frac{E_E-U_{be}}{R_e}=\frac{12-0.7}{10\times10^3}=1.13mA$$

流过每个管子集电极的电流为：

$$I_c\approx\frac{I_e}{2}=\frac{1.13}{2}=0.565mA$$

流过每个管子基极的电流为：

$$I_b = \frac{I_c}{\beta} = \frac{0.565}{50} = 11.3\mu A$$

集电极电位为：

$$U_c = E_c - I_c R_c = 12 - 0.565 \times 10 = 6.35V$$

要计算放大电路的电压放大倍数和输入电阻，必须先求出晶体管的输入电阻 r_{be}，即：

$$r_{be} = 300 + (1+\beta)\frac{26mV}{I_E} = 300 + 51 \times \frac{26}{0.565}$$

$$\approx 2.6k\Omega$$

则放大倍数为：

$$A = -\frac{\beta R_c}{R_{b1} + r_{bs}} = -\frac{50 \times 10 \times 10^3}{20 \times 10^3 + 2.6 \times 10^3} = -22$$

输入电阻为：

$$r_i = 2(R_{b1} + r_{be}) = 2(20 + 2.6) = 45.2k\Omega$$

输出电阻为：

$$r_o \approx 2R_c = 2 \times 10 = 20k\Omega$$

典型差动放大电路不仅可以双端输出，根据实际需要也可以单端输出，并且能够获得较高的共模抑制比。

3. 带恒流源的差动放大电路

在典型差动放大电路中，发射极电阻 R_e 越大，负反馈作用就越强，共模抑制比也就越高。如果要在 I_e 不变的情况下增加 R_e，那么电源电压 E_E 将随 R_e 的增大成比例地增加。在例题4-1中，保持工作点 $I_c = 0.565mA$，即保持 $I_e = 1.13mA$，如果将 R_e 由 $10k\Omega$ 增加到 $50k\Omega$，则负电源 $E_E \approx I_e \cdot R_e = 56.5V$，这就增大了电源的困难。如果在增大 R_e 的同时不提高 E_C 值，那么必然会导致电路的静态工作点过低。由此可见，在 E_E 不变的前提下，从提高共模抑制比的角度去要求 R_e，希望 R_e 值大些；而从有合适的静态工作点的角度去要求 R_e，又希望它的值小些，这显然是一对矛盾。如果 R_e 是一个变值电阻，即静态时阻值较小，加入共模信号时阻值自动变大，这样便可解决上述矛盾。

当三极管工作在线性区时，其集电极与发射极之间的电阻就具有上述变阻特性。利用这种三极管代替 R_e 所形成的电路，电源 E_E 值不高，但它既可以获得合适的静态工作点，又有很高的CMRR，是一种应用十分广泛的电路，称其为带有恒流源的差动放大电路，如图 4-14 所示。其中 VT$_3$ 是恒流管，R_1、R_2 和 R_{e3} 构成了它的直流偏置电路，保证它工作在放大区，提供恒定电流 I_{c3}。

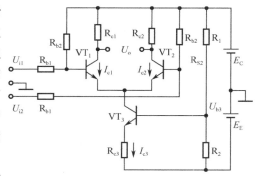

图 4-14　带有恒流源的差动放大电路

带有恒流源的差动放大电路，其恒流源部分只对共模信号有抑制作用，对差模信号无影响。所以该电路的交流参数与典型电路相同，计算公式分别为式（4-4）、式（4-5）和式（4-6），但它的 CMRR 值比典型电路要高。

4.2.2　其他形式的差动放大电路

差动放大电路对地有两个输入端、两个输出端。输入信号不一定都是对地平衡的双端输入信号，输出信号也不一定是对地平衡的双端输出，因此在实际应用中除了前面讨论过的双端输入-双端输出这种形式外，还有三种不同连接形式的差动放大器。

1. 单端输入—双端输出式差动放大电路

单端输入—双端输出式差动放大电路如图4-15所示。根据前面的分析可知其放大倍数为：

$$A = A_1 = -\frac{\beta R'_L}{R_{b1} + r_{be}} \tag{4-7}$$

式中 R'_L 为集电极电阻 R_c 与负载电阻 R_L 的 $\frac{1}{2}$ 的并联（即 $R'_L = R_c // \frac{R_L}{2}$）。输入电阻、输出电阻都与双端输入—双端输出式差动放大电路相同。

2. 双端输入—单端输出式差动放大电路

双端输入—单端输出式差动放大电路如图5-16所示。双端输入时，利用两个晶体管相互补偿作用，有效地抑制了零点漂移。单端输出时，信号从一只三极管的集电极输出，不可能再利用另一个三极管进行补偿。但是由于 R_e 对共模信号有很强的负反馈作用，使得单端输出的零点漂移为单管放大电路的几十分之一，甚至几百分之一，有效地提高了共模抑制比。所以，在单端输出的情况下，也广泛采用差动放大电路。

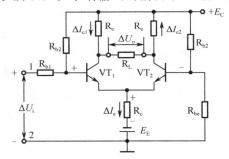

图4-15　单端输入—双端输出式差动放大电路

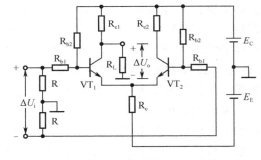

图4-16　双端输入—单端输出式差动放大电路

双端输入—单端输出的放大倍数为：

$$A = -\frac{1}{2} \cdot \frac{\beta R'_L}{R_{b1} + r_{be}} \tag{4-8}$$

应用上式时需要注意两点：一是 $R'_L = R_c // R_L$，这一点与双端输出式电路不同。二是公式前的负号对图4-16中所标极性成立，如果改为从 VT_2 集电极输出，公式前应为正号。该电路的输入、输出电阻分别是：

$$r_i = 2(R_{b1} + r_{be}) \tag{4-9}$$

$$r_o = R_c \tag{4-10}$$

注意，输出电阻是双端输出电路的一半。

3. 单端输入—单端输出式差动放大电路

单端输入—单端输出式差动放大电路，如图4-17所示。它的放大倍数为：

$$A = -\frac{1}{2}\frac{\beta R'_{L}}{R_{b1}+r_{be}} \qquad (4-11)$$

其中 $R'_{L}=R_{c} /\!\!/ R_{L}$，输入电阻与输出电阻与双端输入单端输出相同。

差动放大电路四种接法的特点与性能见表4-1。

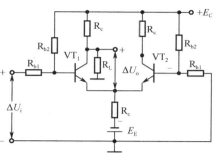

图 4-17　单端输入—单端输出式差动放大电路

表 4-1　差动放大电路四种接法比较

接法	电路原理图	放大倍数	输入输出电阻	共模抑制比	作用及特点
双端输入—双端输出		$A = -\dfrac{\beta R'_{L}}{R_{b1}+r_{bs}}$　$R'_{L}=R_{c} /\!\!/ \dfrac{R_{L}}{2}$	$r_{i}=2(R_{b1}+r_{bs})$　$r_{o}=2R_{c}$	$CMRR=\dfrac{A_{d}}{A_{c}}$	常用在多级差动放大电路的中间级，也可作为输出级。共模输入时输出为零，放大倍数与单管相同
单端输入—双端输出		同上	同上	同上	一般用在输入级。放大倍数与单管相同
双端输入—单端输出		$A = +\dfrac{1}{2}\cdot\dfrac{\beta R'_{L}}{R_{b1}+r_{bs}}$　$R'_{L}=R_{S} /\!\!/ R_{L}$	$r_{i}=2(R_{b1}+r_{be})$　$r_{o}=R_{c}$	$CMRR=\dfrac{A_{d}}{A_{c}}$	将双端输入转为单端输出，常用在中间级。依靠 R_{e} 的负反馈作用提高 CMRR，放大倍数为单管一半
单端输入—单端输出		同上	同上	同上	用在输入输出均需要一端接地的地方。利用 R_{e} 的负反馈作用提高 CMRR，放大倍数为单管的一半

从表 4-1 中可以看出：

（1）电路的放大倍数决定于输出端的接法，而与输入端接法无关。在无外接负载 R_L 的情况下，双端输出时的放大倍数与单管放大电路相同，而单端输出时的放大倍数为双端输出时的一半。

（2）输入电阻与接法无关，均近似为 $2(R_{b1}+r_{be})$。

（3）输出电阻决定于输出端接法，与输入端接法无关。双端输出时为 $2R_c$，单端输出时为 R_c。

差动放大电路四种不同连接形式示意图如图 4-18 所示。

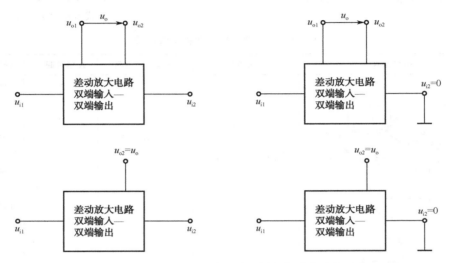

图 4-18　差动放大电路四种不同连接形式示意图

4.3　集成运算放大器的基本概念

4.3.1　集成电路概述

由于现代电子技术的飞速发展，半导体集成工艺发展很快，在很小一块硅材料基片上（约 0.5mm），制作出所需要的二极管、三极管、电阻和电容元件，并按一定顺序联接起来，构成完整的功能电路，即集成电路。由于集成电路中各元件的联接线路短，元件密度大，外部引线及焊点少，这就大大提高了电路工作的可靠性。从而使电子设备体积缩小了，重量减轻了，并使组装和调试工作大大简化，应用广泛，大幅度降低了产品成本。因此，集成电路的出现，特别是大规模集成电路的出现，标志着电子技术的发展进入了一个新时代。

集成电路分为模拟集成电路和数字集成电路两类。集成运算放大器是模拟集成电路中最重要和应用最广泛的器件，它代表着模拟电路的发展方向。

集成运算放大器属于线性集成电路，由于发展初期主要将其应用在计算机的数学运算上，所以至今仍称为"运算放大器"，实际应用中它有很大的通用性和灵活性。在学习集成运算放大器时，要掌握其功能、各管脚的用途和器件参数，对于它的内部电路不必进行讨论研究。

4.3.2　集成电路特点

集成电路（主要指本章讨论的线性集成电路）与分立元件电路相比，具有以下主要特点：

（1）对称性好：

由于集成电路将所需元器件处于同一块很小的硅片上，相互靠得很近，同类元器件性能比较一致，温度特性也基本相同，对称性良好，它广泛适用于要求对称性较高的电路。集成电路可以满足差动放大电路中对称电路的要求。

（2）用有源元件代替无源元件：

电阻占用硅片面积比晶体管大许多，阻值越大，占用硅片面积就越大。因此，电阻值不能任意选用，一般不超过 20kΩ。高阻值的电阻一般用三极管来代替，尽量用有源元件代替无源元件，以此减小硅片的面积。

（3）采用直接耦合放大电路：

电容在集成电路的硅片上所占面积比电阻更大，一般电容的容量不超过 100pF。因此，放大电路的级与级之间多采用直接耦合的方式。

4.3.3　集成运算放大器的构造与符号

1. 集成运放的组成框图

集成运算放大器种类繁多，内部电路不尽相同，但其基本组成均由输入级、输出级、中间级和偏置电路几部分组成。其方框图如图 4-19（a）所示，其外形图如图 4-19（b）所示。

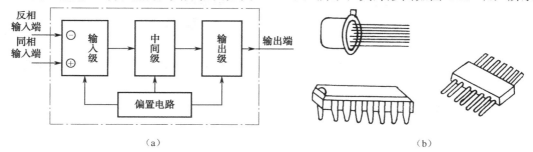

（a）　　　　　　　　　　　　　　　（b）

图 4-19　集成运放框图及外形图

输入级几乎全部采用具有恒流源的差动放大电路，其目的是保证其有较高的输入电阻、良好的对称性、极小的零点漂移、较大的共模抑制比，并能为电路提供一定的电压增益。

一般常以射极输出器或互补对称电路作输出极，要求其输出电阻小，能给负载提供一定的输出电压、输出电流或输出功率，失真要小，效率要高。

中间级又称中间增益级，它为集成运算放大器提供较高的增益。此外，它还能将输入级的双端输出转换为单端输出。

为了减小集成块的面积，偏置电路一般不是由电阻组成而是由恒流源组成。

2. 简单的集成运放电路原理

简单的集成运算放大电路如图 4-20 所示。它由直接耦合放大电路、负反馈电路组成。放大电路的第一级采用双端输入、单端输出的差动放大电路，第二级是射极带有负反馈电阻的单管共发放大电路。反馈电路 R_F 构成深度电压并联负反馈。

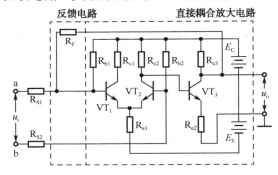

图 4-20　简单运算放大电路

当输入信号加到 a 端且另一输入端 b 接地时，第一级变成单端输入、单端输出的差动放大电路，VT_2 的集电极输出电压 u_{02} 与输入电压 u_i 同相，再经 VT_3 放大后，输出电压 u_o 与 u_i 反相，因此输入端 a 叫做反相输入端。反之，输入信号加到 b 端，a 端接地，输出电压 u_o 与输入电压 u_i 同相，故将输入端 b 叫同相输入端。R_F 联接在输出端与反相输入端 a 之间，利用第 3 章讲过的方法可以判断出 R_F 引入级间电压并联负反馈。

3. 集成运放外部引线说明

目前国产集成运放有多种型号，封装形式有圆壳式和双列直插两种。集成电路的引出脚的多少取决于它内部电路的功能。购买和使用时必须注意管脚排列顺序及各脚功能。图 4-21（a）为 CF741 双列直插式集成运放，各引线功能如下：

引线 1、4、5 为外接调零电位器的三个端子，以保证输入为零时，输出为零。

引线 2 为反相输入端。如果由该端与地之间接入输入信号，那么输出信号与输入信号是反相的。

引线 3 为同相输入端。如果由该端与地之间接入输入信号，那么输出信号与输入信号是同相的。

引线 4 为负电源端，外接负电源（$-U_{EE}$）。

引线 6 为输出端。

引线 7 为正电源端，外接正电源（$+U_{CC}$）。引线 8 为空脚。

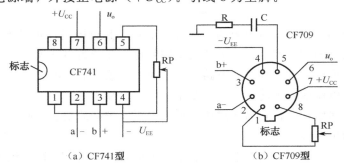

（a）CF741型　　　　　（b）CF709型

图 4-21　集成运放外接线图

图 4-21（b）为 CF709 型圆壳式集成运放，各引线功能如下：

引线 1、8 外接调零电位器。以保证输入为零时输出为零。

引线 2 为反相输入端。如果由该端与地之间接入输入信号，那么输出信号与输入信号是反相的。

引线 3 为同相输入端。如果由该端与地之间接入输入信号，那么输出信号与输入信号是同相的。

引线 4 为负电源端，外接负电源（$-U_{EE}$）。

引线 5 与地之间外接 R、C 串联电路以消除放大器的自激振荡。

引线 6 为输出端。

引线 7 为正电源端，外接正电源（$+U_{CC}$）。

不同类型的集成运放的引线排列往往不同，在使用前必须认真查阅手册来确定，千万不能搞错。

4. 集成运放的电路符号

集成运放作为电路中的一个常用器件，在电路中用如图 4-22 的符号来表示，其中图（a）是现行国际标准中所用的符号，图（b）是过去曾经用过的符号。它有两个输入端，一个输出端。方框中的"▷"表示信号的传输方向。

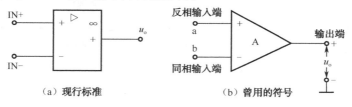

（a）现行标准　　　　　　（b）曾用的符号

图 4-22　集成运放的电路符号

图中，"a"端为反相输入端，常标上符号"－"，表示输出信号与加在该端的输入信号反相。"b"端为同相输入端，常标上符号"＋"，表示输出信号与加在该端的输入信号同相。u_o 为输出端。应当指出，"＋"、"－"只是接线端名称，与所接信号电压的极性无关。也就是说，a 端既可以加正信号也可以加负信号，b 端也是如此。

4.3.4　集成运放的主要性能与参数

为了能够正确地挑选和使用集成运放，必须了解其主要性能参数及其含义。下面简单介绍其主要参数。

1. 输入失调电压 U_{io}

对于理想集成运放而言，在不加调零电位器的情况下，当输入电压为零时，输出电压也为零，即差动输入级完全对称。实际情况是输入电压为零时，输出电压并不为零。因而规定：在 25℃室温及规定电源电压下，在输入端加补偿电压，即输入失调电压 U_{io}，使输出电压为零。输入失调电压越小，集成运放质量越好，一般为 $\pm(1\sim10)\text{mV}$。

2. 输入失调电流 I_{io}

输入失调电流 I_{io} 是在输入电压为零时，两输入端（a、b 两端）静态电流之差，即：

$$I_{io} = I_{a0} - I_{b0}$$

信号源有一定内阻，输入失调电流 I_{io} 会因此产生一个输入电压，造成输出电压不为零。

要求输入失调电流 I_{io} 越小其质量越好，一般在 $1\mu m$ 以下。

3. 输入偏置电流 I_{iB}

输入偏置电流即输入电压为零时，两输入端（a 端、b 端）静态电流的平均值。

$$I_{iB} = \frac{I_a + I_b}{2}$$

4. 最大差模输入电压

最大差模输入电压是指集成运放的反相输入端与同相输入端之间所能承受的最大电压值。如果这两个输入端之间的电压超过该电压值，那么会使得集成运放功能明显变差，甚至造成永久性损坏。

5. 最大共模输入电压

最大共模输入电压是指集成运放所能承受的最大共模电压值，如果超过该值，那么集成运放的共模抵制比明显下降。

除上述参数外，还有温度漂移、转换速率、差模输入电阻、差模电压增益、共模抑制比、输出电阻、静态功耗值等其他参数，在此不一一赘述。除通用型集成运放外，还有低功耗、低漂移、高速、高压、高输入阻抗等专用集成运放。附录中将列举几种集成运放的有关资料和参数。

4.3.5 理想集成运放

理想运算放大电路的等效电路，如图 4-23 所示。其主要参数如下：

开环电压放大倍数： $A = \infty$

输入电阻： $r_i = \infty$

输出电阻： $r_o = 0$

共模抑制比： $CMRR = \infty$

由理想运算放大电路的上述技术指标，可以推导出如下两个重要结论：

a. 输入端 a、b 间电压为零。

运算放大电路工作在线性区，其输出电压 u_o 是有限

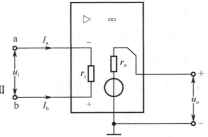

图 4-23 理想集成运放

值，而开环电压放大倍数 $A = \infty$，则：

$$u_i = \frac{u_o}{A} = 0$$

即：

$$U_a = U_b \tag{4-12}$$

b. 输入电流等于零。

理想运算放大电路的输入电阻 $r_i = \infty$，这样 a、b 两端均没有电流流入运算放大电路内部，即：

$$I_a = I_b = 0 \tag{4-13}$$

一般运算放大电路的开环电压放大倍数 A 为 $10^4 \sim 10^6$ 或者更大一些，而输出电压 u_o 是

有限值，所以实际运算放大电路两个输入端 a、b 之间的电压很小，可近似为零。因此，在集成运算放大电路的分析、应用中，可将实际运算放大电路按理想运算放大电路来处理。

4.4　集成运放的基本运算功能

给运算放大电路接上不同的反馈电路和外接元件，可以构成各种运算电路，实现不同功能的数学运算。

4.4.1　反相比例放大电路

反相比例放大电路如图 4-24 所示。输入信号从反相输入端与地之间加到运算放大电路内。R_F 是反馈电阻，接在输出端与反相输入端之间，将输出电压 u_o 反馈到反相输入端实现负反馈。R_1 是输入电阻，R_2 是补偿电阻（也叫输入平衡电阻），它的作用是使两个输入端外接电阻相等，使放大电路处于平衡状态。为此，R_2 的阻值与 R_1、R_F 并联起来的阻值相等，即 $R_2 = R_1 /\!/ R_F$。

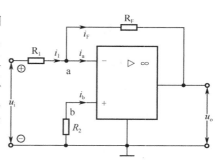

图 4-24　反相比例放大电路

当输入信号 u_i 为正值时，电流 i_1 流入反相输入端，由于 u_o 与 u_i 反相，则 u_o 为负值，反馈电流 I_F 从输入端流至输出端。根据前面讲述的第二个结论，实际运算放大电路的输入电流近似为零，$i_a \approx i_b \approx 0$，可以得到：

$$i_1 \approx i_F$$

根据第一条结论，实际运算放大电路的输入电压近似为零，又因为同相输入端 b 接地，可以得到：

$$u_a \approx u_b \approx 0$$

通过图 4-24 可以看出：

$$i_1 = \frac{u_i - u_a}{R_1} \approx \frac{u_i - 0}{R_1} = \frac{u_i}{R_1}$$

$$i_F = \frac{u_a - u_o}{R_F} \approx \frac{0 - u_o}{R_F} = -\frac{u_o}{R_F}$$

所以：

$$\frac{u_i}{R_1} \approx -\frac{u_o}{R_F}$$

则电压放大倍数为：

$$A_f = \frac{u_o}{u_i} \approx -\frac{R_F}{R_1} \tag{4-14}$$

可见，输出电压 u_o 与输入电压 u_i 成比例关系，负号表示相位相反。只要运算放大电路的开环电压放大倍数 A 足够大，那么闭环放大倍数 A_f 就与运算放大电路的参数无关，只决定于电阻 R_F 与 R_1 的比值。

应当指出，实际运算放大电路 a 点的电位不等于零，但很接近零值，可以看成是接地，由于不是真正接地，所以在反相比例电路中称 a 点为"虚地"。反相端为虚地现象是反相输入运算放大电路的重要特点，但不能将反相端看成与地短路。

【例 4-2】 在图 4-24 所示的电路中，如果 $R_1 = 1k\Omega$，$R_F = 25k\Omega$，$u_i = 0.2V$，求：A_f、u_o 及 R_2 的值。

解：由电压放大倍数公式可得：

$$A_f = -\frac{R_F}{R_1} = -\frac{25}{1} = -25$$

输出电压为：

$$u_o = A_f \cdot u_i = -25 \times 0.2 = -5V$$

补偿电阻 R_2 为 R_1 与 R_F 的并联值，即：

$$R_2 = \frac{R_1 \cdot R_F}{R_1 + R_F} \approx 0.96k\Omega$$

注：补偿电阻的求法是根据同相端对地的电阻等于反相端对地的电阻的原则。

4.4.2 同相比例放大电路

同相比例放大电路如图 4-25 所示。信号由同相输入端加入，R_F、R_2 与反相比例放大电路中的联接及作用相同。

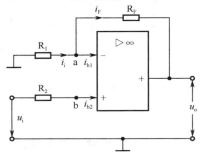

图 4-25 同相比例放大电路

根据理想运算放大电路的两个结论，$u_a \approx u_b$，$i_a \approx i_b \approx 0$；加上信号 u_i 后，R_2 上几乎无电流，因此 $u_b = u_i$，则：

$$u_a \approx u_b \approx u_i$$

将 u_o 分压可得 a 点对地电位为：

$$u_a = \frac{R_1}{R_1 + R_F} u_o$$

可得：

$$u_i \approx u_a = \frac{R_1}{R_1 + R_F} u_o$$

由此可得到：

$$u_o = \frac{R_1 + R_F}{R_1} u_i$$

电压放大倍数为：

$$A_f = \frac{u_o}{u_i} = 1 + \frac{R_F}{R_1} \tag{5-15}$$

上式表明，输出电压与输入电压成正比，而且相位相同。在开环电压放大倍数足够大时，闭环电压放大倍数决定于外电路电阻 R_1、R_F 与集成运算放大电路参数无关。只要 R_1、R_F 选择适当，就可得到所需要的稳定的闭环增益。

【例 4-3】 在图 4-26 所示电路中，$E = 9V$，$R_F = 3.3k\Omega$，$R_2 = 5k\Omega$，$R_3 = 10k\Omega$，求输出电压 u_o 的值。

解：输入电压 u_i（指同相端对地的电压）为：

$$u_i = \frac{R_2}{R_2 + R_3} E = \frac{5}{5 + 10} \times 9 = 3V$$

由于 $R_1 = \infty$，则 u_o 为：

$$u_o = \left(1 + \frac{R_F}{R_1}\right) u_i = \left(1 + \frac{3.3}{\infty}\right) \times 3 = 3V$$

例题结果表明，输出电压与输入电压大小相等、相位相

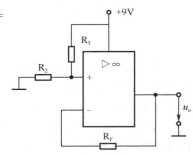

图 4-26 例 4-3 图

同。因为是同相输入，具有电压串联负反馈电路的特点，输出电压随输入电压变化，所以运算放大电路工作状态与射极输出器相当，不但具有很高的输入电阻和很低的输出电阻，而且性能优良，在实际电路中应用广泛。

4.4.3　加法运算电路

加法运算电路是在反相比例运算电路基础上多加了几个输入端构成。如图 4-27 所示，该图表示有三个输入信号的反相加法运算电路。u_{i1}、u_{i2} 和 u_{i3} 均从反相输入端"a"输入，R_F 为反馈电阻，同相输入端"b"经过补偿电阻 R_4 接地。

当运算放大电路的开环放大倍数 A 足够大时，a 点电位近似为零，i_a 和 i_b 也近似为零，由此可得到下列方程：

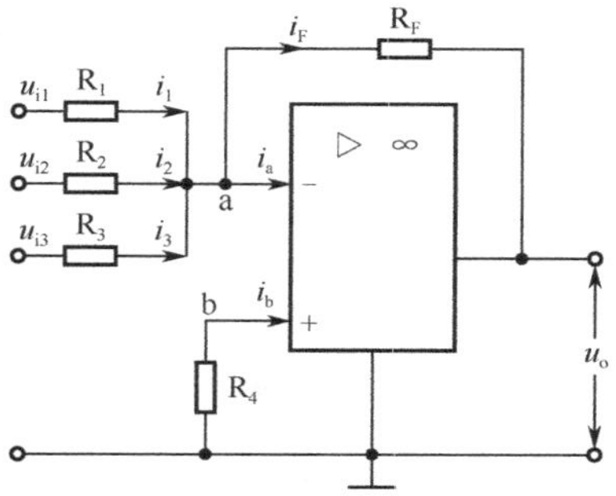

图 4-27　加法运算电路

$$i = i_1 + i_2 + i_3 = i_F$$

①

$$i_1 = \frac{u_{i1} - u_a}{R_1} \approx \frac{u_{i1}}{R_1}$$

②

$$i_2 = \frac{u_{i2} - u_a}{R_2} \approx \frac{u_{i2}}{R_2}$$

③

$$i_3 = \frac{u_{i3} - u_a}{R_3} \approx \frac{u_{i3}}{R_3}$$

④

$$i_F = \frac{u_a - u_o}{R_F} \approx -\frac{u_o}{R_F}$$

⑤

将式②、③、④、⑤代入式①，可得：

$$\left(\frac{u_{i1}}{R_1} + \frac{u_{i2}}{R_2} + \frac{u_{i3}}{R_3} \right) \approx -\frac{u_o}{R_F}$$

解出 u_o 为：

$$u_o = -\left(\frac{R_F}{R_1}u_{i1} + \frac{R_F}{R_2}u_{i2} + \frac{R_F}{R_3}u_{i3} \right) \tag{4-16}$$

如果各输入支路的电阻相等，则 $R_1 = R_2 = R_3 = R$，上式为：

$$u_o = -\frac{R_F}{R}(u_{i1} + u_{i2} + u_{i3}) \tag{4-17}$$

输出电压等于各支路输入电压之和与一个系数之积，即输出电压与各支路输入电压之和成正比。比例系数决定于输入电阻 R 和反馈电阻 R_F，它与运算放大电路本身的参数无关。

补偿电阻 R_4 的大小为：

$$R_4 = R_1 /\!/ R_2 /\!/ R_3 /\!/ R_F$$

【例 4-4】　反相加法电路的反馈电阻 $R_F = 60\text{k}\Omega$，并要完成 $u_o = -(4u_{i1} + u_{i2} + 3u_{i3} + 6u_{i4})$ 运算，求电路中各个电阻的阻值，并画出电路图。

解：根据集成运放反相加法电路运算规律及将要完成的运算

$$u_o = -(4u_{i1} + u_{i2} + 3u_{i3} + 6u_{i4})$$

$$u_o = -\left(\frac{R_F}{R_1}u_{i1} + \frac{R_F}{R_2}u_{i2} + \frac{R_F}{R_3}u_{i3} + \frac{R_F}{R_4}u_{i4} \right)$$

进行比较，可得：

$$\frac{R_F}{R_1} = 4 \quad \frac{R_F}{R_2} = 1 \quad \frac{R_F}{R_3} = 3 \quad \frac{R_F}{R_4} = 6$$

因为 $R_F = 60\text{k}\Omega$

所以 $R_1 = 15\text{k}\Omega$　$R_2 = 60\text{k}\Omega$　$R_3 = 20\text{k}\Omega$　$R_4 = 10\text{k}\Omega$

补偿电阻 R_5 为：

$$R_5 = R_1 /\!/ R_2 /\!/ R_3 /\!/ R_4 /\!/ R_F = 4\text{k}\Omega$$

电路如图 4-28 所示。

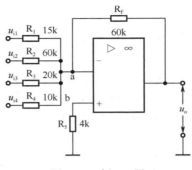

图 4-28　例 4-4 图

4.4.4　减法运算电路

减法运算电路如图 4-29 所示。它是把输入信号同时加到反相输入端和同相输入端，使反相比例运算和同相比例运算同时进行，经由集成运算放大电路的输出电压叠加后即是减法运算的结果。

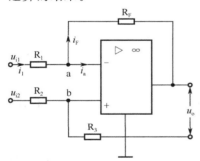

图 4-29　减法运算电路

根据理想运算放大电路的两个结论：$u_a \approx u_b$，$i_a \approx i_b \approx 0$，

$$i_1 \approx i_F = \frac{u_{i1} - u_a}{R_1} = \frac{u_a - u_o}{R_F} \qquad ①$$

$$u_b = \frac{R_3}{R_2 + R_3} u_{i2} \qquad ②$$

①式②式联立，解出 u_o 为：

$$u_o = u_{i2} \frac{R_3}{R_2 + R_3} \cdot \frac{R_1 + R_F}{R_1} - u_{i1} \frac{R_F}{R_1}$$

当外电路电阻满足 $R_1 = R_2$，$R_3 = R_F$ 时，上式写成：

$$u_o = -(u_{i1} - u_{i2}) \frac{R_F}{R_1} \qquad (4\text{-}18)$$

输出电压与两个输入电压之差成正比，电路实现了减法运算。

该减法运算电路还叫做差动比例运算电路，由式（4-18）可以看出，电路输出电压 u_o 是与差动输入信号 $u_{i1} - u_{i2}$ 成比例的。电路的差模放大倍数 $A_d = \dfrac{u_o}{u_{i1} - u_{i2}} = -\dfrac{R_F}{R_1}$。如果给电路输入共模信号，即 $u_{i1} = u_{i2}$，那么由式（4-18）可得到 $u_o = 0$，说明电路对共模信号能完全抵制。因此，减法运算电路不仅可以用来做减法运算，而且更多地用于放大有较强共模干扰的微弱信号，其应用十分广泛。

4.5　集成运放应用举例

集成运放应用广泛。本节简单介绍集成运放组成在比较器、信号变换电路中的基本工作原理。

4.5.1   电压比较器

电压比较器是对输入信号进行鉴别和比较的电路，输入信号的大小与基准电压进行比较，并由此决定输出状态。它要求集成运放工作在开环状态，其电路如图 4-30（a）所示。在集成运放的一个输入端加基准电压 U_R，又称参考电压（其值可正、可负，也可为零）。另一个输入端加被测信号电压 U_i。

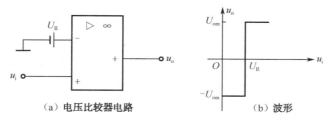

（a）电压比较器电路   （b）波形

图 4-30   电压比较器

集成运放在开环状态下工作，开环差模电压增益很高，如通用型运放 $A_U=105$。电压传输特性曲线（输入电压与输出电压间的关系）如图 4-30（b）所示。输入电压 u_i 与基准电压之间的差值是很小的，当输入电压在基准电压 U_R 值附近变化时，输出电压在正、负向饱和电压值 $\pm U_{om}$ 之间跳变。在 $u_i > U_R$ 时，输出电压处于正向饱和值 $+U_{om}$；在 $u_i < U_R$ 时，输出电压处于负向饱和值 $-U_{om}$。由此，可以根据集成运放输出状态，来判定比较输入电压 u_i 是大于还是小于基准电压 U_R 值。

当基准电压（参考电压）$U_R=0$ 时成为电压比较器一种特殊情况，叫做过零比较器，又叫做零电平比较器，其电路如图 4-31（a）所示，它是将输入信号与零电平进行比较，当 $u_i > 0$ 时，$u_o = +U_{om}$；当 $u_i < 0$ 时，$u_o = -U_{om}$。电压输出特性曲线如图 4-31（b）所示。如果输入电压 u_i 在零附近变化，那么输入电压每次过零时，其输出电压均发生跳变。

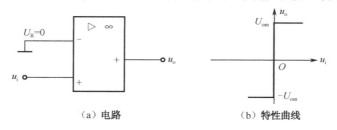

（a）电路   （b）特性曲线

图 4-31   过零比较器

在过零比较器的同相输入端加上 $u_i = U_m \sin\omega t$ 正弦波电压，如图 4-32（a）所示。由于 u_i 加在同相端，则 $u_i > 0$ 时，$u_o = +U_{om}$；$u_i < 0$ 时，$u_o = -U_{om}$。输出端可得到一方波输出。方波与正弦波频率相同，输出方波的幅度决定于集成运放的电源电压 $+U_{CC}$ 和 $-U_{EE}$。正弦波与方波间的对应关系如图 4-32（b）所示。这是一种波形变换电路，广泛应用于模拟电路与数字电路转换装置中。

4.5.2   信号变换电路

在实际应用中，常需要把输入电压变换为与之成比例的输出电流或把输入电流变换成与之成比例的输出电压，例如在电视机中，为了驱动显像管的偏转线圈，需要把输入电压变换成与之成比例的输出电流。

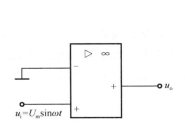
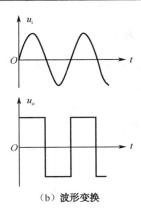

（a）电路　　　　　　　　（b）波形变换

图 4-32　正弦波变换成方波

1. 电压—电流变换电路

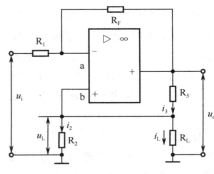

图 4-33　电压—电流变换电路

由集成运算放大电路构成的电压-电流变换电路如图 4-33 所示。输入电压 u_i 经 R_1 加到反相输入端 a，对应 u_i 的输出是 $-\dfrac{R_F}{R_1}u_i$。

负载电阻 R_L 两端的压降 u_L 加到同相输入端 b，对应 u_L 的输出电压是 $\left(1+\dfrac{R_F}{R_1}\right)u_L$。因此，运算放大电路总的输出电压为：

$$u_o=\left(1+\frac{R_F}{R_1}\right)u_L-\frac{R_F}{R_1}u_i$$

由基尔霍夫第一定律可知，流过 R_L 电流为 $i_L=i_3-i_2$ 或：

$$i_L=\frac{u_o-u_L}{R_3}-\frac{u_L}{R_2}$$

将 u_o 代入，

适当选择电阻，使之满足 $\dfrac{R_F}{R_1}=\dfrac{R_3}{R_2}$，则：

$$i_L=-\frac{u_i}{R_2} \tag{4-19}$$

即流过负载电阻的电流与输入电压成正比，实现了电压到电流的转换。

2. 电流—电压变换电路

由集成运算放大电路构成的电流—电压变换电路如图 4-34 所示。输入电流信号由反向输入端加入，由理想运算放大电路的结论 $i_a\approx i_b\approx 0$，得到：

$$i_i=i_F$$

电流 i_F 为：

$$i_F=-\frac{u_o}{R_F}$$

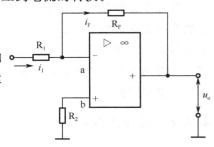

图 4-34　电流-电压变换电路

则输出电压与输入电流的关系为：

$$u_o = -R_F \cdot i_i \qquad\qquad (4\text{-}20)$$

即输出电压的大小与输入电流成正比。如果输入端与恒流源联接，有稳定的电流输入，则输出端可获得恒压输出。实际集成运算放大电路的输出电阻很低，它本身具有恒压输出的特性，因此当负载变化时，它的输出电压很稳定。

 本章小结

（1）直流放大电路可以放大变换极为缓慢的直流信号。由于直流放大电路采用直接耦合的方式，从而产生了许多新问题，零点漂移是其最重要的问题。

（2）温度对三极管的影响是产生零点漂移的主要原因。差动放大电路可以有效地抑制零点漂移。

（3）差动放大电路的优劣取决于对差模信号的放大能力和对共模信号的抑制能力。共模抑制比是差动放大电路的主要性能指标。

（4）集成运算放大器是一种具有高放大倍数的直接耦合多级放大器。具有输入电阻大、输出电阻小、"零输入时零输出"等特点。其内部结构一般为由差动输入级、中间放大级、输出级和偏置电路组成。

（5）集成运放联接成负反馈闭环电路，输入方式有反相输入、同相输入和差动输入三种基本形式。应用两条重要结论：$u_+ \approx u_-$ 和 $i_+ \approx i_-$ 来分析电路使问题大大简化。改变外接元件可以对信号进行运算、变换等处理。

？习题 4

4-1　阻容耦合放大电路与直接耦合放大电路各有什么特点？在什么情况下放大电路可以采用阻容耦合方式？在什么情况下可以采用直接耦合方式？

4-2　什么是零点漂移？为什么要将放大电路的零点漂移折算到输入端？

4-3　放大缓慢变化的电信号，为什么不能采用阻容耦合方式或变压器耦合方式？直接耦合带来的哪些问题必须解决？

4-4　差动放大电路在结构上有什么特点？它是怎样抑制零点漂移的？又是如何放大差模信号的？

4-5　什么是运算放大电路？什么是理想运算放大电路？由理想运算放大电路可得到怎样的结论？

4-6　在如图 4-习-1 所示差动放大电路中，试求

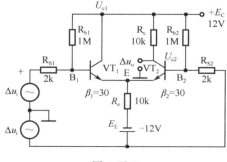

图 4-习-1

（1）电路的静态工作点和电压放大倍数 A_o。（R_W 可忽略）。

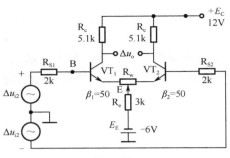

图 4-习-2

4-10 一冷库自动控制系统的输出量、温度、压力和流量等物理量可由传感器分别转换成电量 u_o、u_{i1}、u_{i2} 和 u_{i3}，它们之间的关系是 $u_o = -3u_{i1} - 5u_{i2} - 4u_{i3}$。若 $R_F = 60k\Omega$，试求其他外部电路电阻 R_1、R_2、R_3 和 R_4 之值。

4-11 设运算放大电路的开环电压放大倍数 A 足够大，输出端接满量程为 5V 的电压表，电流为 500uA，用它制成测电压，电流和电阻的三用表。

（1）测电压的电路原理图，如图 4-习-4（a）所示。若想得到 25V、15 V、10V、1V、0.5V 五种不同量程，电阻 R_{i1}、R_{i2}、R_{i3}、R_{i4}、R_{i5} 各为多少？

（2）测量小电流的原理图，如图 4-习-4（b）所示。若想测量 5mA、1mA、0.5mA、0.1mA、50uA 的电流时分别使输出端 5V 电压表达到满量程，电阻 R_{F1}、R_{F2}、R_{F3}、R_{F4}、R_{F5} 的阻值各为多少？

（3）测量电阻的电路原理图，如图 4-习-4（c）所示。若输出电压表指针分别指 5V、1V、0.5V，被测电阻 R_{x1}、R_{x2}、R_{x3} 各为多少？

（2）若接上 $R_L = 10k\Omega$ 的负载电阻，电压放大倍数 A 是多少？

4-7 在如图 4-习-2 所示差动放大电路中，设 $\beta_1 = \beta_2 = 30$，试求单端输出时差动放大电路的静态工作点和电压放大倍数。

4-8 在图 4-习-3 所示恒流源差动放大电路中，试求：

（1）静态工作点和电压放大倍数（R_w 可忽略）。

（2）当温度升高时，电路是怎样抑制零点漂移的？

（3）将电路改为单端输出，它又是怎样抑制零点漂移的？

4-9 一个比例运算放大电路，$R_1 = 20k\Omega$，$A_f = -3$，试选择其余外部电路电阻 R_2 和 R_F 的数值。

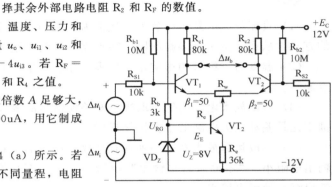

图 4-习-3

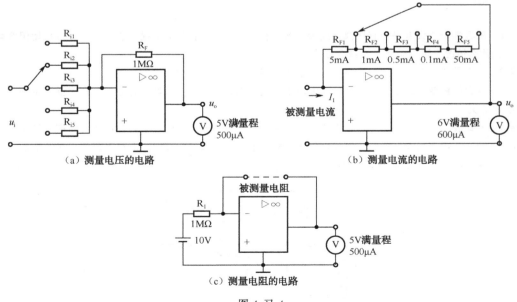

（a）测量电压的电路

（b）测量电流的电路

（c）测量电阻的电路

图 4-习-4

4-12 画出输出电压 u_o 与输入电压 u_i 符合下列关系式的运放电路图。

（1）$\dfrac{u_o}{u_i} = 1$； （2）$\dfrac{u_o}{u_i} = -1$

第5章

低频功率放大电路

功率放大器是以输出功率为主要目的的放大器。本章将介绍功率放大电路的特点及分类；甲类功率放大电路；乙类推挽功率放大电路；互补对称功率放大电路；复合管与集成功率放大电路。

5.1 功率放大电路的特点及分类

在电子技术的实际应用中，通常要利用放大后的信号控制某种负载的工作。信号虽经多级电压放大，但功率较小，因此末级要将电压放大电路送来的信号进行功率放大，它必须有足够大的功率去推动负载工作。这种以供给负载一定输出功率为主要目的的放大电路叫做功率放大电路。

5.1.1 功率放大电路的特点

功率放大电路与电压放大电路有所不同，电压放大电路中的信号幅度较小，主要解决电压放大倍数和频率特性的问题；功率放大电路不仅要有足够的电压变化量，还要有足够的电流变化量，这样才能输出足够大的功率，使负载正常工作。尽管它们都是利用三极管的放大作用来工作，但是功率放大电路中，三极管工作在极限状态，它不能超出由三极管极限参数 BU_{CEO}、P_{CM}、I_{CM} 决定的极限工作范围。因此，功率放大电路有以下几个特点。

1. 功率放大电路的输出功率要大

选择合适的负载电阻 R_L 或利用变压器进行阻抗变换，使负载与功率放大电路的输出电阻相匹配，从而获得最大的输出功率。要使放大器有较大的输出功率必须使三极管工作点的动态范围加大，这就要求三极管允许的最大工作电压或工作电流较高。在实际应用时，可以根据输出功率的大小选择功率三极管。最大输出功率常用符号 P_{OM} 表示，它是指电路输出不失真或失真在允许范围内的情况下输出信号的最大功率。

2. 功率放大电路的效率要高

功率放大电路的输出功率由直流电源 E_C 提供给晶体管集电极电路的直流功率转换而来，功率的转换随输入信号的变化而变化。由于晶体管本身有电阻，所以在功率转换过程中必定要消耗一部分功率。我们把负载获得的功率 P_o 与直流电源提供的功率 P_E 之比定义为转换效率，用字母 η 表示，即 $\eta=\dfrac{P_{\circ}}{P_{\mathrm{E}}}$。显然，功率放大电路的效率越高越好。

3. 电路散热要好

不管采取什么办法，功率放大电路的效率一般低于 78%，晶体管集电结消耗的功率使自身温度升高，甚至烧毁。为了使功率放大电路既能输出较大的功率又不损坏晶体管，通常采取的措施是给功放管安装散热片，散掉集电结产生的热量。

4. 非线性失真要小

晶体管的特性曲线是非线性的。小信号放大时，信号动态范围小，可把特性曲线上的某一小段近似看成直线，可以忽略非线性失真。功率放大电路要放大大信号，输入和输出信号的动态范围很大，工作状态接近晶体管的饱和截止状态，超越了晶体管特性曲线的线性范围，非线性失真不可忽视，所以必须想办法解决非线性失真问题，使非线性失真尽可能地减小。

5.1.2　功率放大电路的分类

从晶体管的工作状态来看，功率放大电路可以分为甲类、乙类和甲乙类等种类。

1. 甲类功率放大电路

工作在甲类状态的晶体管其静态工作点选在晶体管的放大区内，且信号的作用范围也被限定在放大区内，此时如果电路的输入信号为正弦波，那么输出信号也为正弦波。甲类工作状态非线性失真小，但是静态电流 I_{CQ} 较大，晶体管消耗的功率大，效率低。

2. 乙类功率放大电路

工作在乙类状态的晶体管，其静态工作点选在放大区和截止区的交界处，信号的一半在放大区，而另一半进入截止区，此时如果电路的输入信号为正弦波，那么电路的输出信号只有正弦波的半个周期。乙类工作状态的静态电流 $I_{\mathrm{CQ}}\approx0$，因此损耗低，效率高，但是非线性失真严重。一般采用两只晶体管轮流工作，分别放大正弦信号的正、负半周的办法来克服失真。

3. 甲乙类功率放大电路

工作在甲乙类状态的晶体管其静态工作点位于甲类功放和乙类功放之间，此时如果电路的输入信号为正弦波，那么输出信号为单边失真的正弦波。

以上三种状态静态工作点的位置如图 5-1 所示，其中图（a）对应甲类功放状态，图（b）对应乙类功放状态，图（c）对应甲乙类功放状态。

从电路形式看，功率放大电路又有变压器耦合电路和无变压器耦合电路两类。

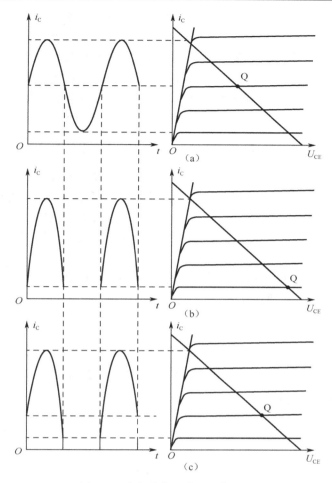

图 5-1　功率放大电路的工作状态

5.2　甲类功率放大电路

5.2.1　电路结构及工作原理

1. 电路结构

甲类功率放大器典型电路如图 5-2 所示。图中 BT_1 是输入变压器，其作用是使本级从前一级获得最大功率，以保证推动本级正常工作。BT_2 是输出变压器，其作用是使负载获得最大功率。电阻 R_{b1}、R_{b2} 和 R_e 组成了偏置电路，保证晶体管工作在甲类状态，并使工作点稳定。C_b、C_e 分别是 R_b（R_{b1} 与 R_{b2} 并联后的等效电阻）及 R_e 的旁路电容，使交流信号旁路，减少信号损失。

2. 工作原理

前面所讲的各种电压放大器均属甲类放大器，其工作原理基本相同。甲类功率放大器要求输出功率大，效率高，因此电路采用了变压器来实现负载的阻抗变换。

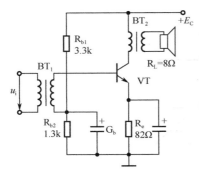

图 5-2 甲类功放典型电路

在选定晶体管的情况下，必须选择负载电阻的大小，使它与晶体管的输出电阻相匹配。在实际工作中，负载的电阻一般是固定的，不一定与晶体管输出阻抗相匹配。例如扬声器的电阻一般有 3.5Ω、8Ω、16Ω 几种规格，与晶体管输出阻抗相差很大，利用变压器的阻抗变换作用实现阻抗匹配。

在图 5-2 中，R'_L 是次级负载电阻 R_L 等效到集电极回路时的等效电阻，根据变压器阻抗变换公式 $n^2 = \dfrac{R'_L}{R_L}$ 可得：

$$R'_L = n^2 R_L \tag{5-1}$$

这说明，尽管负载电阻为 R_L，但通过变压器的阻抗变换作用，晶体管的集电极相当于联接了一个 n^2 倍的 R_L 的等效负载电阻。只要变压比 n 选取得当，可以将不同阻值的负载转变为晶体管的最佳负载，实现阻抗匹配，使负载获得最大的功率。

【例 5-1】 在图 5-2 中，如果晶体管的最佳负载 $R'_L = 500\Omega$，扬声器 $R_L = 8\Omega$，要使负载获得最大功率，求变压器的变压比 n？

解：根据变压器的阻抗变换公式：

$$n^2 = \frac{R'_L}{R_L} = \frac{500}{8} \approx 8^2$$

只要输出变压器的匝数 N_1 与 N_2 的比为 8，负载即可获得最大功率。

5.2.2 功率、效率和管耗

1. 功率

功率放大电路的输出功率用 P_o 表示，它的定义域为：

$$P_o = I_C U_{CE}$$

其中 I_C 和 U_{CE} 分别表示 i_c 和 U_{ce} 的有效值。

为了突出要解决的主要问题，在图 5-3 中没有画出晶体管的特性曲线，AB 是交流负载线，Q 是静态工作点。在基极交流信号的作用下，工作点 Q 在 AB 范围内移动，集电极电流 I_C 的变化幅值为 I_{cm}，集电极电压 U_{CE} 的变化幅值为 U_{cem}，即等效负载电阻 R'_L 上的电流、电压变化的最大值。因此，可以计算出负载获得的最大功率为：

$$P_o = I_C \cdot U_{CE}$$

又因为 $P_o = \dfrac{1}{\sqrt{2}} I_{cm} \cdot \dfrac{1}{\sqrt{2}} U_{cem}$，所以：

$$P_o = \frac{1}{2} U_{cem} \cdot I_{cm} \tag{5-2}$$

为了直观起见，可以把 P_o 与负载线 AB 下面的三角形 ABC 面积联系起来，由图中可看出二者的关系为：

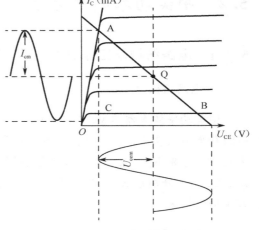

图 5-3 输出功率图解法

$$P_{\text{o}} = \frac{1}{2} U_{\text{cem}} \cdot I_{\text{cm}} = \frac{1}{2} \left(\frac{1}{2} \text{AC} \right) \cdot \left(\frac{1}{2} \text{BC} \right) = \frac{1}{4} \left(\frac{1}{2} \text{AC} \cdot \text{BC} \right) = \frac{1}{4} S_{\triangle \text{ABC}}$$

$S_{\triangle \text{ABC}}$ 为三角形 ABC 的面积。在选定晶体管的条件下,要使负载获得最大功率应尽可能加大三角形 ABC 的面积。

由于变压器的初级绕组的直流电阻 R_{BT} 很小,射极电阻 R_{e} 很小,一般阻值为 $0.5\Omega \sim 10\Omega$ 左右。这样直流负载线:

$$U_{\text{CE}} = E_{\text{C}} - I(R_{\text{BT}} + R_{\text{e}})$$

可以近似表示为:

$$U_{\text{CE}} \approx E_{\text{C}}$$

则负载获得的最大功率可表示为:

$$P_{\text{o}} = \frac{1}{2} E_{\text{C}} \cdot I_{\text{cm}} \tag{5-3}$$

2. 效率及管耗

(1) 效率:

由于电源内阻很小,电源端电压近似为电源电动势 E_{C}。不管有无外施信号,集电极电流 i_{c} 的平均值为 I_{CQ}。电源供给的功率等于端电压 E_{C} 与输出电流 I_{CQ} 的乘积,即 $P_{\text{E}} = E_{\text{C}} \cdot I_{\text{CQ}}$

在理想状态下,$I_{\text{CQ}} = I_{\text{cm}}$(一般情况 I_{CQ} 略大于 I_{cm}),因此,电源供给功率 P_{E} 可以近似写成:

$$P_{\text{E}} = E_{\text{C}} \cdot I_{\text{cm}}$$

由此可以求出甲类功放的效率,即负载获得的信号功率 P_{o} 与电源供给晶体管放大器的功率 P_{E} 之比:

$$\eta = \frac{P_{\text{o}}}{P_{\text{E}}} \times 100\% \tag{5-4}$$

在理想情况下:

$$\eta = \frac{P_{\text{om}}}{P_{\text{E}}} = \frac{1}{2} \frac{E_{\text{C}} I_{\text{cm}}}{E_{\text{C}} I_{\text{cm}}} = 50\%$$

由于晶体管的饱和压降不可能为零,变压器也不可能没有损耗,所以变压器耦合的甲类功率放大器其实际效率仅能达 30% 左右。

(2) 管耗:

管耗即晶体管集电极损耗的功率 P_{C}。直流电源供给的功率只有少部分转变为输出功率,大部分功率损失在晶体管上,使晶体管发热。

$$P_{\text{C}} = P_{\text{E}} - P_{\text{o}} \tag{5-5}$$

在没有信号输入时,输出信号功率 $P_{\text{o}} = 0$,直流电源提供的功率全部消耗在晶体管上,即:

$$P_{\text{cm}} = P_{\text{E}} = 2P_{\text{om}} \tag{5-6}$$

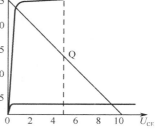

图 5-4　例题 5-2 的图

【例 5-2】　如图 5-4 所示,$E_{\text{C}} = 6\text{V}$,$I_{\text{cm}} = 12\text{mA}$,$U_{\text{cem}} = 5\text{V}$,若变压器的效率为 80%,试求:输出功率 P_{o} 及电路效率 η?

解：负载获得的功率为：

$$P_o = \frac{1}{2} U_{cem} \cdot I_{cm} = \frac{1}{2} \times 5 \times 12 \times 10^{-3} = 30\text{mW}$$

电源提供的功率为：

$$P_E = E_C \cdot I_C = 6 \times 12 \times 10^{-3} = 72\text{mW}$$

放大器的效率为：

$$\eta_1 = \frac{P_o}{P_E} \times 100\% = \frac{30}{72} \times 100\% = 41.66\%$$

考虑到变压器上的能量损耗，放大器的实际效率为：

$$\eta = \eta_1 \cdot \eta_{BT} = 41.66\% \times 80\% = 33.33\%$$

5.3　乙类推挽功率放大电路

5.3.1　电路的结构及工作原理

选用两只特性相同的晶体管使它们工作在乙类放大状态，一只负担正半周信号的放大，另一只负担负半周信号的放大，在负载上将这两个输出波形合在一起得到一个完整的放大了的波形，这就是乙类推挽放大电路。

1. 电路结构

双管乙类推挽功率放大电路如图 5-5 所示，它由两只特性相同的 PNP 型晶体管组成对称电路。其重要特点是不设偏置电路，在没有信号输入时，使 $I_{BQ}=0$，$I_{CQ} \approx 0$，损耗功率为零以保证晶体管工作在乙类。BT_1、BT_2 为具有中心抽头的输入、输出变压器；它的作用是既使电路对称，又使输入、输出阻抗实现匹配。

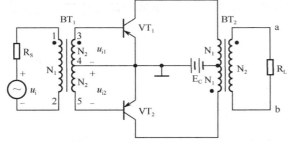

图 5-5　乙类推挽功率放大电路

2. 工作原理

通过输入变压器中心抽头得到两个幅值相等、相位相反（相对于三极管）的输入信号 u_{i1} 和 u_{i2}，分别加到 VT_1、VT_2 的输入回路，使它们分别工作在输入信号的正、负半周。

（1）正半周：

在输入信号的正半周，变压器 BT_1 次级线圈感应电压极性为 $U_3 > U_4 > U_5$，显然 VT_1 的发射结反偏，处于截止状态，$i_{c1}=0$，VT_1 没有输出信号。而 VT_2 的发射结此时却正偏，处于导通状态，有信号电流 i_{c2} 由 VT_2 的集电极输出。由此可见，在输入信号正半周 VT_2 工作，如图 5-6（a）所示。

（2）负半周：

在输入信号的负半周，情况与正半周时相反，VT_2 截止，$i_{c2}=0$，VT_2 没有输出信号。VT_1 导通，有输出电流 i_{c1} 由 VT_1 的集电极输出。由此可见，在输入信号负半周 VT_1 工作，如图 5-6（b）所示。

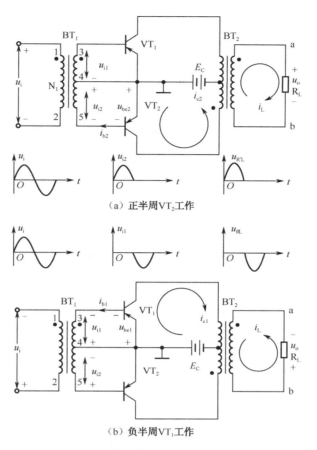

图 5-6　乙类推挽放大电路工作原理图

VT$_2$、VT$_1$ 在输入信号的正、负半周交替进行放大，负半周 VT$_1$ 工作而 VT$_2$ 截止，正半周 VT$_2$ 工作而 VT$_1$ 截止，两管互相配合，共同完成对整个输入信号波形的放大工作。

（3）输出波形的合成：

由 VT$_1$ 和 VT$_2$ 分别放大的两个半波电流 i_{c1} 和 i_{c2}，经输出变压器 BT$_2$ 在负载 R$_L$ 上合并起来，恢复成完整波形。

变压器初级电流和次级感应电流的方向是这样确定的：如果初级电流流入同名端，那么次级电流就从同名端流出；反之，若初级电流是流出同名端的，那么次级电流将流入同名端。据此并由图 5-6 可以确定，u_i 正半周期，i_L 在 R$_L$ 上形成 u_o 正半周，u_i 负半周期间，i_L 在 R$_L$ 上形成 u_o 负半周。

因为 BT$_1$ 具有中心抽头，所以尽管 VT$_1$ 和 VT$_2$ 只在某个半周工作，但是负载 R$_L$ 上的波形 u_o 是一个完整的、对称的正弦波。

乙类推挽放大电路的电压、电流波形如图 5-7 所示。

5.3.2　功率、效率和管耗

1. 输出功率

乙类推挽功率放大电路的交流等效电路如图 5-8 所示。其中 R$_L'$ 是变压器 BT$_2$ 的初级等效电阻，它与负载电阻及 BT_2 初、次级线圈匝数比 $n\left(n=\dfrac{N_1}{N_2}\right)$ 的关系是：

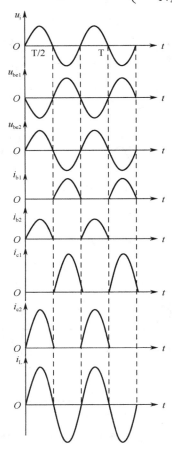

图 5-7　理想状态下的乙类推挽放大电路电压、电流波形

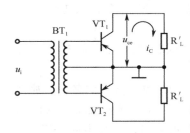

图 5-8　乙类推挽放大电路交流等效电路

$$n^2=\frac{R_L'}{R_L}$$

显然，$I_{cm}=\dfrac{U_{cem}}{R_L'}$，因此输出功率可以写成：

$$P_o=\frac{1}{2}\times\frac{U_{cem}^2}{R_L'} \tag{5-7}$$

上式是在完全理想状态下（理想状态是忽略三极管的饱和区、截止区、E_C 的内阻、变压器损耗等）输出的最大功率，用 P_{om} 表示，将理想状态下的 U_{cem} 值代入，即可求出最大输出功率 P_{om}。

因为放大电路的交流信号是迭加在静态工作点之上，而乙类推挽放大电路的工作点峰峰值电压 $U_{QQ}=E_C$，U_Q 的峰值不可能超过 E_C，即 U_{cem} 的最大值是 E_C，因此：

$$P_{om}=\frac{1}{2}\cdot\frac{E_C^2}{R_L'} \tag{5-8}$$

实际功率则指电路某一时刻的输出功率，即时功率一般经测量后求出。例如测得电路某一时刻的 $I_{cm}=80mA$，$U_{cem}=5V$，那么可以计算出输出功率 P_o 为

$$P_o = \frac{1}{2} I_{cm} \cdot U_{cem} = \frac{1}{2} \times 80 \times 10^{-3} \times 5 = 200 \times 10^{-3}\,\text{W}$$

2. 效率

乙类推挽功率放大电路的效率可以表示为：

$$\eta = \frac{P_o}{P_E} \times 100\%$$

其中电源功率 P_E 定义成电源电压 E_C 与其提供给电路的电流的平均值 I 的乘积。乙类推挽放大电路中 E_C 提供的是随输入信号大小变化的全波脉动电流 i_c，根据电工学的知识，i_c 的平均值是 $2\pi I_{cm}$，所以：

$$P_E = \frac{2}{\pi} I_{cm} E_C \tag{5-9}$$

电路的实际效率是：

$$\eta = \frac{P_o}{P_E} = \frac{\frac{1}{2} I_{cm} U_{cem}}{\frac{2}{\pi} I_{cm} E_C} = \frac{\pi}{4} \cdot \frac{U_{cem}}{E_C} \tag{5-10}$$

将 $U_{cem} = E_C$，代入上式即可得电路的理想效率，即：

$$\eta_m = \frac{P_{om}}{P_E} = \frac{\pi}{4} = 78.5\% $$

3. 管耗

管耗指晶体管所消耗的功率，用 P_C 表示。如果变压器是理想的，那么管耗等于电源提供的功率与输出功率之差，即：

$$P_C = P_E - P_o \tag{5-11}$$

理论分析表明，管耗最大时输出功率并非最大，如果用 P_{cm} 代表最大管耗，那么在数值上它与最大输出功率之间满足下式：

$$P_{cm} = 0.4 P_{om} \tag{5-12}$$

例如，某功率放大电路最大能输出 500mW 功率，那么该电路的最大管耗是 200mW。

注意，式（5-12）是两只管子消耗的最大功率，在电路完全对称的条件下每只晶体管的最大管耗是：

$$P_{cm'} \approx 0.2 P_{om} \tag{5-13}$$

最大管耗是选择晶体管的重要依据，如果所选晶体管的最大允许耗散功率低于 $P_{cm'}$，那么在使用过程中，晶体管就会被损坏。式（5-13）只是理想状态下的估算，在实际选择晶体管时还要留有余地。

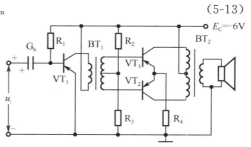

图 5-9　例 5-3 图

【例 5-3】　超外差式收音机的低频功率放大电路如图 5-9 所示。输出变压器的初级线圈匝数为 400，次级线圈匝数为 68，喇叭的阻抗为 8Ω，每只管子的饱和压降 U_{CES} 与发射极电阻 R_4 上的压降可忽略不计，$E_C = -6\text{V}$，试求：

（1）喇叭上获得的最大不失真功率；

（2）若变压器效率为 80%，喇叭上获得的最大功率；

（3）静态时 $P_。$、P_E 和 P_C 分别等于多少？

（4）电路的最大管耗（单管）是多少？

解：（1）根据式（5-1）

$$R'_\mathrm{L}=n^2 R_\mathrm{L}=(200/68)^2 \times 8 \approx 69.2(\Omega)$$

喇叭上获得最大功率：

$$P_\mathrm{om}=\frac{1}{2} \cdot \frac{E_\mathrm{C}^2}{R'_\mathrm{L}}=\frac{1}{2} \times \frac{36}{69.2} \approx 0.26(\mathrm{W})$$

（2）$\eta=80\%$，喇叭上获得功率为：

$$P_\mathrm{om'}=\eta \cdot P_\mathrm{om}=80\% \times 0.26 \approx 0.21(\mathrm{W})$$

（3）根据式（5-2）、（5-8）和式（5-9），因为静态时 $I_\mathrm{CQ}=0$，所以此时的 $P_。$、P_E 和 P_C 均为零。

（4）根据式（5-13），每只晶体管的最大管耗是 $0.052\mathrm{W}$。

5.3.3　交越失真

1. 交越失真及其产生原因

图 5-5 所示的乙类推挽功率放大电路由于没有直流偏置，所以当输入电压 U_i 很低时，三极管工作在输入特性曲线的根部，使 i_b1 和 i_b2 的底部出现了失真。信号经三极管放大以后，i_c1 和 i_c2 也出现了同样的失真。由于两管轮流工作，所以在输出信号正、负半周的交界处产生了失真，这种失真即交越失真，如图 5-10 所示。

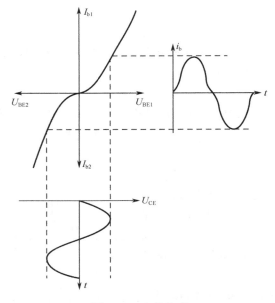

图 5-10　交越失真

2. 克服交越失真的办法

给放大管加直流偏置，使输入电压 u_i 很低时，三极管不再工作在输入特性曲线的根部，是一种克服交越失真的有效措施。特别应当指出的是，为消除交越失真所加的直流偏置，应该是微弱的正向偏置。如果所加偏置过强，使三极管工作在甲类状态，那么在失真被消除的同时，乙类功率放大电路高效率的优点也不存在了。

除了利用电阻元件构成直流偏置电路外，还可以利用二极管构成直流偏置电路，这在实际电路中也是常见的，下一节就会见到这种电路。

5.4 无变压器功率放大电路

甲类功率放大电路效率低，在大功率的设备中不实用。乙类推挽功率放大电路要用两个具有中心抽头的变压器，变压器较重，而且又增大了设备的体积，变压器的频率特性差，而且有较大损耗，在一般电器设备中的应用逐渐减少。现在得到广泛应用的是无变压器功率放大电路，即互补对称式电路。

5.4.1 双电源互补对称电路

1. 电路结构

双电源互补对称电路的原理图，如图5-11所示。要求两只晶体管 VT_1、VT_2 的特性是对称的，其中 VT_1 是 NPN 型三极管，VT_2 是 PNP 型三极管。在静态时，无基极偏流，即 $I_{b1} = I_{b2} = 0$，两管全都处于截止状态。

2. 工作原理

u_i 正半周时，NPN 型管处于正偏导通状态，集电极电流 i_{c1} 自左至右通过负载 R_L（如图5-11实线箭头所示），此时 PNP 管处于截止状态，$i_{c2} = 0$。

u_i 负半周时，PNP 管正偏导通，i_{c2} 自右至左通过 R_L（如图中虚线箭头所示），此时 NPN 管处于截止状态，$i_{c1} = 0$。

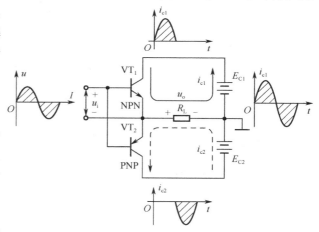

图 5-11 双电源互补对称原理图

由此可见，这种电路的工作原理与乙类推挽电路类似，也是两只管子轮流工作。在 u_i 的一个周期内，R_L 上电流的方向有正有负，相应的 R_L 上的电压 u_o 是一个有正有负的交流信号。

3. 需要说明的几个问题

（1）双电源互补对称电路也叫 OCL 电路。

（2）OCL 电路由一对特性相同但类型相反的三极管构成，在这一点上要特别注意与乙类推挽电路相区别。

（3）乙类推挽电路功率、效率、管耗等参数的计算公式对 OCL 电路也适用，但要将公式中的 R_L' 换成 R_L。

5.4.2 单电源互补对称电路

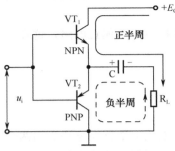

图 5-12   单电源互补对称电路

双电源互补对称电路简单，效率高，可接近 80%，但是它需要两个电源 E_{C1}、E_{C2} 来供电，即不经济，又不方便。为此将电路略加改进，省去一个电源，成为如图 5-12 所示的单电源互补对称电路，该电路也叫 OTL 电路。

1. 工作原理

电路可以看成由特性相同的 VT_1、VT_2 组成两个射极输出器，在共同的输出端与负载电阻 R_L 之间串联一只容量足够大的电容器 C，VT_2 的集电极接地。在没有输入信号时，调整基极电路的参数使得电容 C 两端电压为电源电压 E_C 的一半，即电容器的充电电压为 $E_C/2$。在输入信号的正半周时，VT_1 导通，电流自 E_C 经 VT_1 为电容 C 充电，经过负载电阻 R_L 到地，在 R_L 上产生正半周的输出电压（电流方向如图中实线所指）。在输入信号的负半周时，VT_2 导通，电容 C 通过 VT_2 和 R_L 放电，在 R_L 上产生负半周的输出电压（电流方向如图中虚线所示）。应当指出，电容 C 的容量需要足够大，它可等效为一个恒压源，无论信号怎样变化，电容 C 上的电压几乎保持不变。在 OTL 电路中，电容 C 等效为一个 $\frac{1}{2}E_C$ 的电源。

2. 参数计算

计算 OTL 电路输出功率、效率和管耗等参数也用前面已经给出的乙类推挽电路的对应公式，但要将公式中的 E_C 改为 $E_C/2$，因为 OTL 的供电电源是 E_C，每只管子的实际电源是 $E_C/2$。公式中的 R_L' 也应改为 R_L，这一点和 OCL 电路是一样的。

3. 典型电路分析

在讲述工作原理时，电路中的 VT_1 和 VT_2 管都没有加基极偏置，即两管的静态工作点等于零，电路会产生交越失真。在实际应用中，必须克服交越失真，典型互补对称电路如图 5-13 所示。

图中 VT_1 是推动级，它为由 VT_3 和 VT_2 组成的互补推挽对称电路提供激励信号。R_1 是 VT_1 的偏流电阻，它与输出端联接起交、直流负反馈作用，既稳定了电路的工作点，又可稳定电路的放大倍数。调节 R_1 可使 VT_2 和 VT_3 的 c、e 之间的电压均为电源电压 E_C 的一半左右，这样电容器的充电电压为 $E_C/2$。电阻 R_2 与二极管 VD 串

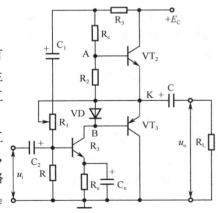

图 5-13   典型互补对称电路

联起来，为 VT_2 和 VT_3 提供一个合适的正向偏压，达到克服交越失真的目的。应当指出，R_2 不能太大，绝对不能开路，否则 VT_2 和 VT_3 的静态电流过大会将晶体管烧坏。

为了改善输出波形，电路中增加 R_3、C_1 组成的自举电路。在输出端电压增长到最大值附近时，由于 U_{BE2} 电压的作用，VT_2 的基极电流的增加受到限制，使得负载不能获得足够的电流而造成电压波形顶部失真。接入一个较大容量的电容 C_1 可看成一个电源，起到改善

失真的作用。当电容器的下端电位升高时，上端电位随之升高。这样，R_C 上端电位升高，使得 VT_2 的基极电位升高，基极电流增大，即可克服输出电压顶部失真的问题。R_3 将 E_C 和 C_1 隔开，使 VT_2 获得自举电压。

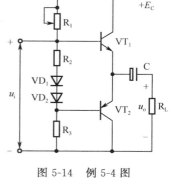

图 5-14　例 5-4 图

【例 5-4】　在图 5-14 所示功率放大电路中，设三极管饱和压降 $U_{CES}=1V$，$I_{CEO}=0$，$R_L=16\Omega$，$E_C=32V$，求：

（1）电路的最大不失真输出功率 P_{cm}；

（2）电路的效率 η；

（3）单管最大管耗 P_{cm}'。

解：在考虑管子的饱和压降时，电路的最大不失真输出电压幅度为：

$$U_{cem}=\frac{E_C}{2}-U_{CES}=\frac{1}{2}\times 32-1=15V$$

集电极电流最大幅度为：

$$I_{cm}=\frac{U_{cem}}{R_L}=\frac{15}{16}=0.94A$$

根据式（5-2）

$$P_{om}=\frac{1}{2}\times I_{cm}\times U_{cem}=\frac{1}{2}\times 0.94\times 15=7.05W$$

根据式（5-9）

$$P_E=\frac{2}{\pi}I_{cm}\frac{E_C}{2}=\frac{2\times 0.94\times 32}{\pi\cdot 2}=9.58W$$

电路的效率为：

$$\eta=\frac{P_{om}}{P_E}=\frac{7.05}{9.58}=73.6\%$$

根据最大输出功率与最大管耗之间的关系，可得到最大管耗为：

$$P_C=0.2P_{om}=0.2\times 7.05\approx 1.41W$$

5.4.3　采用复合管的互补对称电路

在大功率输出时，要获得特性很接近的 NPN 型和 PNP 型大功率三极管是非常困难的，一般经常采用复合管。把两只（或两只以上）三极管的电极适当地直接连接起来，作为一只三极管使用，即复合管。它有两种连接方式：由两只同类型管子构成，如图 5-15（a）、（b）所示；由两只不同类型的三极管构成，如图 5-15（c）、（d）所示。

复合管的类型决定于前一只三极管的类型。要把两只三极管连成复合管须保证每只三极管各极电流都能顺着各个三极管的正常工作方向流动，否则是错误的。

由于 VT_1 的输出电流是 VT_2 的基极电流，它经过两只三极管放大，所以复合管的电流放大系数 β 近似为 VT_1 与 VT_2 的 β 值之积，即：

$$\beta\approx\beta_1\cdot\beta_2$$

由复合管组成的互补对称电路如图 5-16 所示。由三极管 VT_1 组成推动级，两只复合管组成互补对称电路，其中 VT_2 和 VT_4 组成 NPN 型复合管，VT_3 与 VT_5 组成 PNP 型复合管。这样 VT_4 和 VT_5 都是 NPN 型大功率管，在同类型晶体管中，可以比较容易地选取性能接近的三极管。

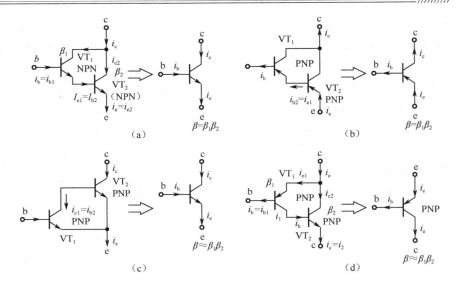

（a）（b）同类型管构成的复合者　　（c）（d）不同类型管构成的复合管

图 5-15　复合管

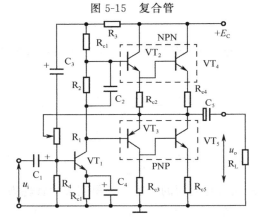

图 5-16　复合管互补对称电路

5.5　集成功率放大电路

随着集成技术的发展，国内外的音响设备及其他家用电器日趋集成化。集成音频功率放大电路有数十种，在收音机、录音机、扩音机和电视机中得到广泛的应用，本节介绍几种集成功率放大电路。

5.5.1　TDA2002　8W 音频功率放大电路

TDA2002 音频功率放大电路是意大利 SGS 公司的产品。我国此类集成电路的国际型号为 D2002。D2002 与 TDA2002 可以直接代换使用。

TDA2002 采用五脚单边双列直插式封装结构，其外形如图 5-17 所示。各脚功能如下：

第 1 脚：同相输入端，信号由 1 脚输入。

第 2 脚：反相输入端，负反馈由 2 脚输入。

第 3 脚：整个集成电路的接地端。

第 4 脚：输出端，被放大的信号由第 4 脚输出。

第 5 脚：正电源 V_{cc} 供给端。

TDA2002 工作在乙类功率放大状态，输出电流大，可达 3.5A，负载电阻可低至 1.6Ω，谐波失真和交越失真都很小。电路内设有短路保护、过热保护、电源极性接反、地线偶然开路和负载泄放电压反冲等保护电路，工作稳定并且安全可靠。它在整机印刷电路板上所占面积较小。此外它所需要的外围元件少、体积小，封装和散热片之间不用加绝缘物，安装也很便利。TDA2002 适用于在收录机中作音频功率放大用。

TDA2002 典型应用电路如图 5-18 所示。音频信号经输入电容 C_1 送到同相输入端，即第 1 脚。经功率放大后的音频信号由第 4 脚输出，经电容 C_4 送至负载扬声器。电阻 R_1、R_2 和电容 C_2 构成负反馈电路。电阻 R_3 和电容 C_5 用来改善音响效果。TDA2002 参数见表 5-1。

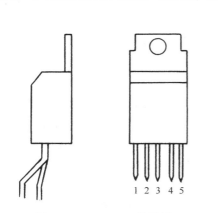 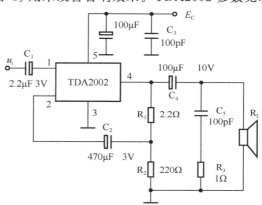

图 5-17　TDA2002 外形图　　　　图 5-18　TDA2002 典型应用电路

表 5-1　TDA2002 电参数

参　　数	测试条件		典　型　值	单　　位
电源电压 U_{CC}			8～18	V
静态电流 I_{CCO}			45	mA
谐波失真 TDH	$P_o = 3.5W$　$f=1kHz$　$R_L=4\Omega$		0.2	%
输出功率 P_o	$f=1kHz$　TDH$=10\%$	$U_{CC}=14.4V$　$R_L=4\Omega$	5.2	W
		$U_{CC}=14.4V$　$R_L=2\Omega$	8	W
		$U_{CC}=16VR_c=4\Omega$	6.5	W
		$U_{CC}=16VR_L=2\Omega$	10	W
输入阻抗 R_t	$f=1kHz$		150	kΩ
开环增益 A	$f=1kHz$　$R_L=4\Omega$		80	dB

5.5.2　LM386 型集成功率放大器

LM386 是一种小功率音频放大器。D386 是它的同类产品。电源电压使用范围宽 4V～16V，具有外接元件少、功耗低、频率响应范围宽等特点，在收录机中应用广泛。其外形如图5-19所示，图（a）为外形图，图（b）是管脚排列。

应用 LM386 组成的 OTL 典型功放电路如图 5-20 所示。图中第 3 脚是同相输入端，由这里输入信号 u_i。第 2 脚是反相输入端，在图中是接地的。第 1 脚和第 8 脚之间接有电阻 R

和电容 C，用来调整电路的电压增益。第 5 脚接输出，电阻与电容串联支路的作用是为了防止电路产生自激，电容与喇叭串联支路是典型的音频功率放大电路。第 6 脚接电源，第 4 脚接地。如果第 1、第 8 脚之间不加电阻、电容元件，电路的外围元件最少，但电路的电压增益下降。

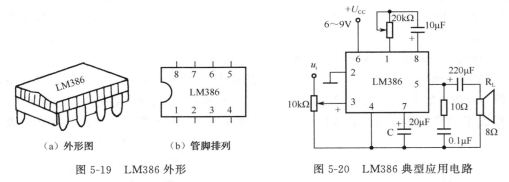

（a）外形图　　　　（b）管脚排列

图 5-19　LM386 外形　　　　　　　图 5-20　LM386 典型应用电路

5.5.3　集成功率驱动电路

集成功率驱动电路是内部电路没有输出功率管的功率集成电路。根据对集成功率放大电路故障发生率的统计表明，引起其损坏的原因因输出功率管在芯片所在位置产生热斑而烧毁的占百分之九十以上。如果把功率管从芯片上搬走，故障会大幅度下降，版图设计也会容易得多。在 20W 以上的功率放大电路中常采用驱动方法，除有专门设计的驱动电路外，还可以用运算放大电路代替驱动电路。

典型的集成功率驱动电路有东芝公司生产的 TA7109AP 型驱动电路，内设滤波和负载短路保护，能与外接晶体管组成 10W～100W 的功率放大电路，广泛应用在各种音响设备中。此外，还有美国生产的 MC1385P 型驱动电路、三洋公司的 STK3076 厚膜双驱动电路。

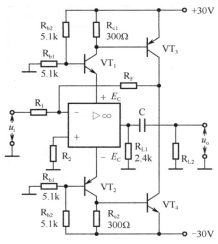

图 5-21　运算放大功率驱动电路

应用运算放大电路的功率驱动电路如图 5-21 所示。在运算放大电路的正、负电源接线端与外加正、负电源之间，分别接入晶体管 VT_1 和 VT_2，由基极偏流电阻 R_{b1}、R_{b2} 分压，使两管基极电位分别固定在正、负 15V 左右。在输入信号为负半周时，运算放大电路输出电流经 VT_1 和其输出级到集成运算放大电路负载电阻 R_{L1} 上，其输出电压为正；在输入信号为正半周时，电流由地经 R_{L1} 运算放大电路输出级流向 VT_2。VT_1、VT_2 的集电极电流分别推动 VT_3、VT_4 工作，在 R_{L2} 上可获得所需功率。由于 VT_3、VT_4 的发射极分别接到正、负 30V 的电源上，负载两端电压变化范围近似为 ±30V，输出电流变化范围也随之扩大，因此，负载可以获得较大的输出功率。图中电容 C 可起到消除自激振荡的作用。

以通用型运算放大电路 LT157 为驱动电路，与两只复合管组成的 OTL 功率放大电路，在 4Ω 负载上能输出 15W 的不失真功率，其电路如图 5-22（a）所示。以 LF157 为驱动电路，与两只三极管、两只 CMOS 功率场效应管组成为功率放大电路，输出功率可达 50W，并且谐波失真小，音质好，寿命长，其电路如图 5-22（b）所示。

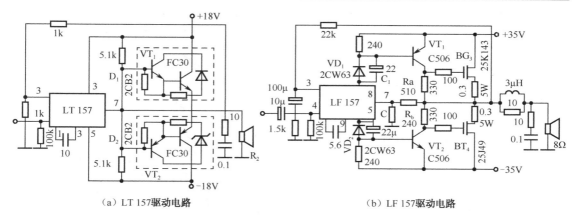

（a）LT 157驱动电路　　　　　　　　　　（b）LF 157驱动电路

图 5-22　功率驱动典型应用

本章小结

（1）功率放大电路中的三极管在大信号状态下工作，要求它有较大的输出功率和较高的效率，并能保证三极管安全可靠地工作，非线性失真在允许范围之内。

（2）利用变压器的阻抗变换作用实现负载与功率管输出阻抗的匹配。变压器耦合功率放大电路的缺点是结构庞大、频响变差和效率低。

（3）OTL 互补对称电路在理想情况下的效率可高达 78%，且具有频率特性好，结构简单，便于集成化等优点，应用广泛。

习题 5

5-1　什么是功率放大电路？对它的主要要求是什么？它与电压放大电路的主要区别是什么？

5-2　乙类推挽功率放大电路为什么要有适当的直流偏置？如果没有直流偏置会出现什么问题？如果直流偏置过大，又会出现什么问题？

5-3　画出简单的单电源互补对称（OTL）电路图，试说明其工作原理及各个元件的作用？

5-4　晶体管超外差式收音机的低频功率放大电路，如图 5-习-1 所示。喇叭上得到的最大不失真输出功率为 160mW，在最大输出功率时，电源提供给推挽级的电流平均值为 33mA，变压器的效率为 90%，试求电路的效率。

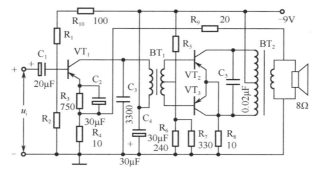

图 5-习-1

5-5　在如图 5-习-2 所示的功率放大电路中，$E_C = 16V$，$R_L = 8\Omega$，试求电路最大不失真输出功率。

5-6　在如图 5-习-3 所示的典型功率放大电路中，调节电路中哪些元件可使 B 点电位等于 $E_C/2$。

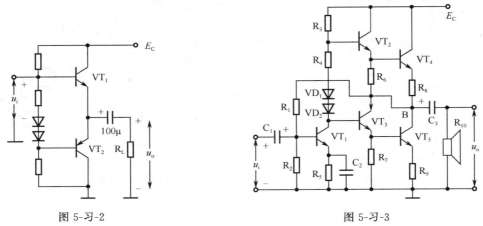

图 5-习-2　　　　　　　　　图 5-习-3

5-7　具有自举作用的互补对称电路如图 5-习-4。它除了利用电容 C 外，为什么还加入电阻 R，把 R 短路行不行？为什么？

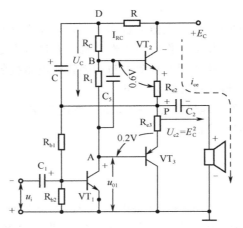

图 5-习-4

5-8　在如图 5-习-5 所示的复合管中，哪些组合方式是合理的，哪些是不合理的？并指出哪些复合管是 PNP 型，哪些是 NPN 型？

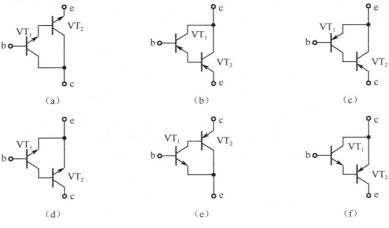

（a）　　　　　　　（b）　　　　　　　（c）

（d）　　　　　　　（e）　　　　　　　（f）

图 5-习-5

第6章

正弦波振荡电路

正弦波振荡电路广泛应用于无线电通讯、电视广播等领域。本章我们将学习并掌握振荡电路的基本原理、产生振荡的条件及振荡电路的判别方法、各种振荡电路的典型结构及特点，并对常用的 LC 正弦波振荡电路、RC 正弦波振荡电路进行具体的分析。

6.1 振荡电路的基本原理

6.1.1 概述

1. 自激振荡与振荡器

第二章曾讲过小信号电压放大电路。它是在输入信号的控制下，把直流电源的电能转换成按信号规律变化的交流电能的电路。在电子技术中还广泛应用另一种电路，它不需要外加信号的控制，能自动地把直流电源的电能转换成具有一定频率、一定波形和一定振幅的交流电能，这种电路的工作状态称为自激振荡（简称振荡）。

自激振荡从现象上看，是放大电路的输入端不加交流输入信号，输出端也有交流信号的输出。从本质上分析，是在放大电路中形成了一定强度的正反馈。自激振荡使放大电路具有了不加输入信号也有输出信号的特点，振荡器正是利用这一特点工作的。

振荡器是在没有外加交流输入信号的情况下，能够自动地把直流电源提供的能量转变成交流能量输出的电路。振荡器的能量转换是自动的，不受外加输入信号的控制。

2. 振荡器的分类

根据振荡器所产生的输出波形不同可以分成两大类，即正弦波振荡器（简称振荡器）和非正弦波振荡器。本章只讨论正弦波振荡器。

6.1.2 振荡器的工作原理

1. 振荡器的组成

利用放大电路的自激现象构成一个振荡器，如图 6-1。

如图不接入反馈网络，放大电路输入电压 $\dot{U}_i = \dot{U}_s$ 时，输出电压为 $\dot{U}_o$。接入反馈网络后，输出电压 $\dot{U}_o$ 通过反馈网络产生反馈电压 $\dot{U}_f$，如果 $\dot{U}_f$ 与 $\dot{U}_i$ 的大小和相位一样，此时断开

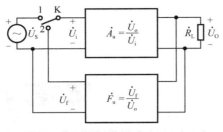

图 6-1　振荡器的组成

$\dot{U}_s$，即图中开关 K 由 1 倒向 2 的位置，$\dot{U}_f$ 即可取代 $\dot{U}_s$，使放大电路的输出电压 $\dot{U}_o$ 维持不变，这样一个具有反馈网络的放大电路变成了一个不要外加信号而通过自身反馈维持一定输出电压的自激振荡器。为了使振荡器的输出是频率为一定值的正弦波，在 A、F 闭合回路中必须具备一个选频网络。选择网络的组成有用 LC 选频的，称 LC 正弦波振荡器；有用 RC 选频的，称为 RC 正弦波振荡器。这样通过反馈网络的反馈电压只有在某一频率上其大小和相位与原来的输入电压相同而维持振荡。

综上所述，晶体管正弦波振荡器有两个基本组成部分：

（1）晶体管放大电路；

（2）具有选频特性的正反馈网络。

此外，还有电源，以便使晶体管放大电路能正常工作并作为能源。这种振荡器是利用正反馈原理组成的。

2. 振荡器的起振与振幅稳定

振荡器是把反馈信号作为输入信号以维持一定的输出信号，那么最初的输入信号是怎样得到的呢？

当接通振荡器的直流电源时，电路中会产生电压或电流的瞬变过程以及电路中的热噪声等，使振荡器中不可避免地会有微小的电扰动。由于振荡器是一个闭合的正反馈系统，所以不管电扰动发生在电路的哪一部分，最终总能传送到输入端，成为最初的输入信号。这些电扰动一般都包含有丰富的频率成份，但在选频网络的作用下，只有某一频率为 f_o 的分量可以通过反馈网络，其余频率成份被抑制，放大后的 f_o 分量又经反馈网络送到输入端形成一个循环，如此重复继续下去。如果在每一次循环中，频率为 f_o 的反馈电压与循环开始时的输入电压相比较，不仅相位相同并且振荡振幅增大（这称为满足自激条件），这样电路经过放大——反馈——再放大——再反馈的循环过程，频率为 f_o 的分量振幅迅速增大，自激振荡就建立起来了。

因为晶体管是非线性元件，振荡幅度不会在循环过程中无限制的增长下去，开始起振时，由于振荡器中晶体管的静态工作点在放大区，并且振荡幅度小，电压放大倍数 A_v 大，A_vF_v 较大，经过放大——反馈的循环过程后，振荡幅度迅速增大。当振荡幅度增大到晶体管进入非线性区（饱和区或截止区）时，放大倍数 A_v 下降。振幅越大，放大倍数越小。最后放大倍数下降到一定程度，再次循环时反馈电压恰好等于循环的输入电压，振幅不再增长，达到平衡状态，即进入了等幅振荡状态。

3. 振荡器的平衡条件和起振条件

（1）振荡的平衡条件：

由上面的分析可知，振荡器维持等幅振荡的条件是反馈电压 $\dot{U}_f$ 等于放大器的输入电压 $\dot{U}_i$，$\dot{U}_f$ 与 $\dot{U}_i$ 不仅大小相等，而且相位相同。这两个条件分别称为振幅平衡条件和相位平衡条件。

放大倍数：

$$\dot{A}_{\mathrm{v}}=\frac{\dot{U}_{\mathrm{o}}}{\dot{U}_{\mathrm{i}}}$$

反馈系数：

$$\dot{F}_{\mathrm{v}}=\frac{\dot{U}_{\mathrm{f}}}{\dot{U}_{\mathrm{o}}}$$

所以振荡平衡条件为：

$$\dot{A}_{\mathrm{v}} \cdot \dot{F}_{\mathrm{v}}=1 \tag{6-1}$$

相位平衡条件：

$$\varphi_{\mathrm{A}}+\varphi_{\mathrm{F}}=2n\pi \quad (n=0、1、2、\cdots\cdots) \tag{6-2}$$

振幅平衡条件：

$$A_{\mathrm{v}} \cdot F_{\mathrm{v}}=1 \tag{6-3}$$

（2）起振条件：

式（6-1）是振荡器维持振荡平衡的条件，为了使振荡器在接通直流电源后能自动起振，要求反馈信号 $\dot{U}_{\mathrm{f}}$ 与输入信号 $\dot{U}_{\mathrm{i}}$ 的相位相同，并且振幅不断增大，即振幅要求 U_{f} 大于 U_{i}，称为起振条件。

起振的相位条件：

$$\varphi_{\mathrm{A}}+\varphi_{\mathrm{F}}=2n\pi \quad (n=0，1，2，\cdots\cdots) \tag{6-4}$$

起振的振幅条件：

$$A_{\mathrm{v}}F_{\mathrm{v}}>1 \tag{6-5}$$

综上所述，为了振荡器能起振，在开始时必须使 $A_{\mathrm{v}}F_{\mathrm{v}}>1$；振荡器起振后，振荡幅度不断增大，由于晶体管的非线性，使 A_{v} 下降，直至 $A_{\mathrm{v}}F_{\mathrm{v}}=1$，振荡幅度不再增大，达到平衡即等幅振荡。

判断一个电路能否起振主要根据相位条件，也就是判别电路是否满足正反馈条件。振幅条件则可通过电路参数调整，使之满足 $A_{\mathrm{v}}F_{\mathrm{v}}>1$。

6.2　LC 振荡器

LC 振荡器的选频网络是由电感 L 和电容 C 组成的并联谐振回路。按其反馈形式，LC 振荡器又分为变压器反馈、电感反馈、电容反馈等几种类型。

6.2.1　变压器反馈式振荡器

1. 电路构成

图 6-2 所示是变压器反馈式 LC 正弦波振荡器的电路图。它的基本部分是一个分压偏置的共射放大电路，但其集电极负载换成 LC 并联谐振回路，放大电路没有外加输入信号而由变压器耦合取得的反馈电压 $\dot{U}_{\mathrm{f}}$ 来提供，放大电路的输出也是通过变压器耦合加到负载电阻 R_{L} 上，这样就由一个基本放大电路和一个具有选频特性的反馈网络组成了振荡电路。

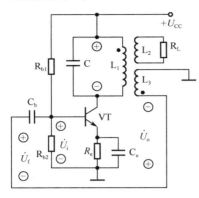

图 6-2 变压器反馈式振荡器

2. 判断电路能否振荡

图 6-2 的电路利用 L_1 和 L_2 互感作用可把频率为 f_o 的信号反馈到放大器的输入端。

反馈信号的相位由变压器绕组 L_1 和 L_2 的同名端决定。若 L_1 和 L_2 的同名端如图 6-2 所示，则反馈信号 $\dot{U}_f$ 与集电极输出信号反相，即 $\varphi_F = 180°$，加上放大电路本身的相移 $\varphi_A = 180°$，即可满足相位平衡条件。

反馈信号电压的大小由 L_1 和 L_2 的匝数比 $\dfrac{N_2}{N_1}$ 决定。当放大电路 A_v 和变压器匝数比选择合适时，就可以满足振幅平衡条件和振荡条件 $A_v F_v \geqslant 1$。

电路的振荡靠本身的电扰动。要使电路起振，则要满足 $A_v F_v > 1$。一般基本放大电路的静态工作点设置都保证其工作在线性放大区域。这样电路中微弱的电扰动通过反馈与选频放大作用，能使频率为 f_o 的信号成份获得增幅振荡，自动起振。起振后由于振荡幅度越来越大，晶体管工作到非线性区，使放大倍数不断下降，最后达到平衡条件，输出信号通过 L_3 加在负载 R_L 上。输出信号电压大小取决于 L_1 与 L_3 的匝数比。

变压器反馈式振荡器的振荡频率近似为：

$$f_o \approx \frac{1}{2\pi \sqrt{LC}} \qquad (6\text{-}6)$$

式（6-6）是振荡器振荡频率的计算公式，式中 L 的单位为亨利，C 的单位为法拉，f_o 的单位为赫兹（Hz）。

如何判别变压器反馈式振荡器是否满足相位条件呢？根据电路中变压器线圈的同名端，用瞬时极性法判别电路是否满足相位条件。图 6-2 中，设 $\dot{U}_i$ 为正，集电极输出电压 $\dot{U}_o$ 为负，倒相 180°，按图中 L_1 和 L_2 同各端则反馈电压 $\dot{U}_f$ 为正，与 $\dot{U}_o$ 相位相差 180°，所以反馈电压 $\dot{U}_f$ 与输入电压 $\dot{U}_i$ 同相位，属于正反馈满足相位条件，即 $\varphi_A + \varphi_F = 2\pi$。

3. 变压器反馈式振荡电路的特点

只要线圈的同名端正确，调节 L_1 和 L_2 的匝数比，电路容易起振。由于变压器分布参数的限制，振荡频率不能太高，一般在几千赫到几十兆赫，在收音机中一般用做本振电路。

【例 6-1】 分析图 6-3 中所示电路是否满足起振条件。

对比图 6-3 与图 6-2 二者电路的结构，由于都采用分压式偏置，只要元件参数选取合适，都能给放大电路提供正常工作所需的静态工作点，所以该图具有振荡所需的放大倍数 A_v。又由于图中 L_1 可以提供反馈电压 U_f，所以电路满足振荡的振幅条件。再看是否满足振荡的相位条件，用瞬时极性法判断，设输入电压 $\dot{U}_i$ 为 $\oplus$，集电极输出 $\dot{U}_o$ 为负，L 同名端为负，L_1 同名端为负，直接接到输入端，即 $\varphi_A = 180°$，$\varphi_F = 0°$，所以 $\varphi_A + \varphi_F = \pi \neq 2n\pi$，则图 6-3 电路不满足起振的相

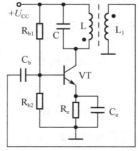

图 6-3 例 6-1 电路图

位条件。

图 6-2、图 6-3 所示电路，晶体管采用共发组态，LC 调谐回路在集电极，所以称为共发射集式反馈振荡电路。

6.2.2　三点式 LC 振荡器

三点式 LC 振荡器有两种形式，即电感三点式振荡器和电容三点式振荡器。

1. 电感反馈三点式振荡器

（1）电路构成：

图 6-4（a）所示电路为电感反馈三点式振荡器，也称为哈特雷电路。L_1、L_2 和 C 构成的 LC 谐振回路引出三个端子 1、2、3，分别接晶体管的三个电极 c、e、b。电阻 R_{b1}、R_{b2}、R_e 组成分压式偏置电路。电容 C_b、C_e 对交流短路。交流通路如图 6-4（b）所示，忽略晶体管参数的影响与谐振回路的损耗。由图 6-4（b）可见，$\dot{U}_o$ 为输出电压，反馈信号取自电感 L_2 两端，所以称为电感反馈三点式振荡器。

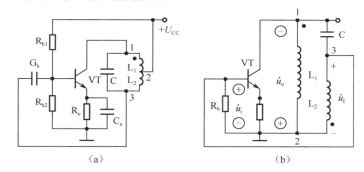

（a）　　　　　　　　　　　　（b）

图 6-4　电感反馈三点式振荡器

（2）判断电路能否振荡：

该电路给放大器设置了分压式电流负反馈偏置，选择合适的参数可以使电路获得合适的静态工作点，由图 6-4（b）可知反馈电压取自 L_2，改变 L_2 的匝数可改变反馈深度，所以振荡的振幅条件比较容易满足。

判断电路是否满足相位条件，仍用瞬时极性法。在 LC 回路谐振条件下，设输入电压 $\dot{U}_i$ 为正，输出电压 $\dot{U}_o$ 为负，即 L_1 的 1 端为负，而 2 端为交流地电位，所以 L_2 的 3 端应为正，$\dot{U}_f$ 与 $\dot{U}_i$ 相位相同，形成正反馈，电路满足振荡的相位条件。

电感反馈三点式电路的振荡频率：

$$f_o \approx \frac{1}{2\pi\sqrt{LC}} \tag{6-7}$$

其中：$L = L_1 + L_2 + 2M$ 为回路的等效电感。M 为 L_1 和 L_2 之间的互感。

（3）电感三点式振荡电路的特点：

由于 L_1 和 L_2 线圈耦合紧密，所以容易起振；但因反馈电压取自电感 L_2，电感对高次谐波的阻抗较大，因此 L_2 两端高次谐波电压幅度大，使输出电压中含有高次谐波，输出波形较差，因此电感三点式振荡电路用于要求不高的设备中。

2. 电容反馈三点式振荡器

（1）电路构成：

图 6-5（a）所示电路为电容反馈三点式振荡器，也称为考毕兹电路。它的工作原理与电感反馈三点式电路相同，只是把 LC 谐振回路中的电感和电容的位置互换，构成了电容三点式振荡器。电容 C_1、C_2 的三个端点分别与晶体管的三个电极相联，反馈电压 $\dot{U}_f$ 取自 C_2 两端。电源电压 U_{CC} 通过 R_c 接到晶体管集电极，构成晶体管输出回路的直流通路。交流通路如图 6-5（b）所示。

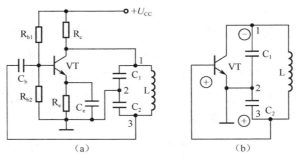

图 6-5　电容反馈三点式振荡器

（2）判断电路能否振荡：

图 6-5 电路采用分压式电流负反馈偏置电路，参数选择合适可获得合适的静态工作点。由于反馈电压取自 C_2，改变 C_1 和 C_2 比值可以改变反馈深度，所以振荡的振幅条件可以满足。

判断电容反馈三点式振荡器能否满足相位条件和电感三点式电路相同。从图 6-5（b）中标出的瞬时极性可以看出，当 $\dot{U}_i$ 为正时，集电极电压瞬时极性为负，1 端为负，因为 2 端是交流地电位，所以 3 端为正，与输入 $\dot{U}_i$ 同相。这个电路也是正反馈电路，满足相位条件。

振荡频率近似为：

$$f_o \approx \frac{1}{2\pi \sqrt{LC_\Sigma}} \tag{6-8}$$

其中　$C_\Sigma = \dfrac{C_1 C_2}{C_1 + C_2}$

（3）电容反馈三点式振荡器的电路特点：

电路的反馈信号取自电容 C_2 两端，它对高次谐波阻抗小，所以反馈信号和输出信号中高次谐波分量少，输出波形较好。电容 C_1 和 C_2 可以选得很小，因而振荡频率可以很高，一般可达到一百兆赫以上。但由于 C_1 和 C_2 变化会直接影响反馈信号的大小，容易停振，所以频率调节范围小。电容反馈三点式振荡器常用于波形失真要求高、振荡频率固定的场合。

综上所述，判别三点式 LC 振荡器是否满足相位条件可采用瞬时极性法。同时，通过两类电路的分析结果可得到如下结论：在三点式振荡器中，若晶体管的发射极接两个性质相同（容性或感性）的电抗元件，基极与集电极接两个性质相反的电抗元件时，电路满足振荡相位平衡条件。

3. 改进型电容反馈三点式振荡器

在电容反馈三点式振荡器中，电容 C_1 和 C_2 分别接晶体管各极，所以晶体管的结电容会影响回路的谐振频率及其稳定性。为了减少这种影响，提高振荡频率的稳定度，可对电容反馈振荡器进行改进。下面介绍两种改进型电路。

（1）串联型电容反馈三点式振荡器：

串联型的改进电路又叫克拉泼电路。根据（6-8）式：

$$f_\circ = \frac{1}{2\pi\sqrt{LC_\Sigma}} = \frac{1}{2\pi\sqrt{L\dfrac{C_1 C_2}{C_1 + C_2}}}$$

电容 C_1 和 C_2 分别接在晶体管的 c-e、b-e 极间。当振荡频率越高，电容 C_1、C_2 值越小，晶体管的极间电容的影响越明显。为了克服这一缺点，在电感支路上串入一个电容 C，如图 6-6 所示。

此电路的振荡频率为：

$$f_\circ = \frac{1}{2\pi\sqrt{LC_\Sigma}} = \frac{1}{2\pi\sqrt{L\cdot\dfrac{1}{\dfrac{1}{C}+\dfrac{1}{C_1}+\dfrac{1}{C_2}}}} \tag{6-9}$$

若电容 C 比电容 C_1、C_2 小得多，振荡频率为：

$$f_\circ \approx \frac{1}{2\pi\sqrt{LC}} \tag{6-10}$$

它与 C_1、C_2 无关，结电容的影响可以忽略。

（2）并联电容反馈三点式振荡器：

并联型的改进电路又叫西拉电路。它是在串联电容反馈三点式振荡器的基础上，在电感支路上并联一电容 C'，构成并联电容反馈振荡器，如图 6-7。

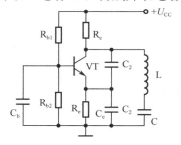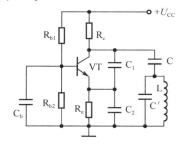

图 6-6　串联型电容反馈三点式振荡器　　　　图 6-7　并联改进型电容反馈振荡器

这个电路的振荡频率为：

$$f_\circ = \frac{1}{2\pi\sqrt{L\left(C'+\dfrac{1}{\dfrac{1}{C}+\dfrac{1}{C_1}+\dfrac{1}{C_2}}\right)}} \approx \frac{1}{2\pi\sqrt{LCC'+C}} \tag{6-11}$$

以上两种改进电路除了具有 $f_\circ$ 受晶体管结电容影响小的优点外，还具有频率调节方便的优点。克拉泼电路和西拉电路可通过调节 C 和 $f_\circ$，不改变反馈量。反之在一定范围内改变反馈量，也不会影响 $f_\circ$。这两种电路在实际中应用广泛。

6.3　RC 振荡器

LC 振荡器常用以产生频率为数千赫兹到数百兆赫的振荡，若要得到较低频率，则 L 和

C 值必须很大，在技术和经济上很不合算，所以在需要几赫到几十千赫的低频范围内常采用 RC 振荡电路。

6.3.1　串并联 RC 电路的选频特性

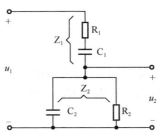

图 6-8　RC 串并联电路

RC 振荡电路的选频网络由 R、C 元件组成。一种由 RC 串并联网络组成的振荡电路用得十分广泛，其原理图如图6-8。

由图可知，如果放大电路输出电压与输入电压之间的相移 φ $=360°$（即同相），则只要 RC 串并联反馈回来的电压作电阻性分压，即不再产生相移就满足自激振荡的相位条件而有可能振荡。下面简单分析 RC 串并联网络的选频特性。

设 $Z_1=R_1+\dfrac{1}{j\omega C_1}$，$Z_2=\dfrac{R_2}{1+j\omega R_2 C_2}$，输入电压为 $\dot U_1$，输出电压 $\dot U_2$，则电路的电压传输系数：

$$\dot F_v=\frac{\dot U_2}{\dot U_1}=\frac{Z_2}{Z_1+Z_2}=\frac{\dfrac{R_2}{1+j\omega R_2 C_2}}{R_1+\dfrac{1}{j\omega C_1}+\dfrac{R_2}{1+j\omega R_2 C_2}}$$

整理后得：

$$\dot F_v=\frac{1}{1+\dfrac{R_1}{R_2}+\dfrac{C_2}{C_1}+j\left(\omega R_1 C_2-\dfrac{1}{\omega R_2 C_1}\right)}\tag{6-12}$$

幅频特性为：

$$F_v=\frac{1}{\sqrt{\left(1+\dfrac{R_1}{R_2}+\dfrac{C_2}{C_1}\right)^2+\left(\omega R_1 C_2-\dfrac{1}{\omega R_2 C_1}\right)^2}}\tag{6-13}$$

相频特性为：

$$\varphi_F=-\operatorname{arctg}\frac{\omega R_1 C_2-\dfrac{1}{\omega R_2 C_1}}{1+\dfrac{R_1}{R_2}+\dfrac{C_2}{C_1}}\tag{6-14}$$

如果选择元件使　$R_1=R_2=R$
$$C_1=C_2=C$$

则：

$$F_v=\frac{1}{\sqrt{3^2+\left(\omega RC-\dfrac{1}{\omega RC}\right)^2}}\tag{6-15}$$

$$\varphi_F=-\operatorname{arctg}\frac{\omega RC-\dfrac{1}{\omega RC}}{3}\tag{6-16}$$

根据（6-15）式和（6-16）式，作出 RC 串并联电路的幅频特性和相频特性如图 6-9。

由图可见，当 $f=f_0=\dfrac{1}{2\pi RC}$ 时：

$$F_v=\frac{1}{3}\tag{6-17}$$

$$\varphi_F=0\tag{6-18}$$

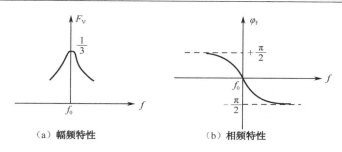

（a）幅频特性　　　　　　（b）相频特性

图 6-9　RC 串并联电路的选频特性

综上所述，RC 串并联电路在特殊频率 f_0 上具有输出与输入同相且输出幅度最大$\left(\text{等于输入幅度的}\dfrac{1}{3}\right)$的特点。特殊频率 f_0 由电路元件参数决定。

6.3.2　RC 桥式振荡器

RC 桥式振荡器如图 6-10 所示。

图中电路可分三部分，一是由 VT_1 和 VT_2 组成两级阻容耦合共发射极放大器，当工作在中频段时，其输出电压 $\dot{U}_o$ 与输入电压 $\dot{U}_i$ 之间相移 $360°$（同相），如果把 $\dot{U}_o$ 直接反馈到输入端也可产生自激振荡。但由于未经选频网络，所以产生的振荡输出电压波形是非正弦的，包含许多不同频率的谐波，这样的振荡器也有用处，叫多谐振荡器。二是由 R_1C_1、R_2C_2 组成的串并联反馈网络。RC 串并联电路具有选频特性，若选择电阻

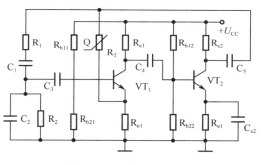

图 6-10　RC 桥式振荡器

$R_1=R_2=R$，电容 $C_1=C_2=C$，频率 $f_0=\dfrac{1}{2\pi RC}$。只有频率为 f_0 的电压反馈到输入端，RC 选频网络对它的相移为零，作电阻性分压，于是得到正反馈而满足自激振荡的相位条件（即 VT_1 和 VT_2 组成的放大器必须为同相放大器）；从幅度上说，此时得到的反馈电压也最大，$F=1/3$，只要两极放大器的放大倍数 $A\geqslant 3$ 就满足幅度条件而可产生振荡；对 f_0 以外的其他频率成分，由于 RC 串并联反馈网络的相移不为零，不满足相位条件，因而不产生振荡。三是由热敏电阻 R_T 和电阻 R_e 组成的负反馈支路。

RC 串并联反馈网络的选频特性并不十分良好，为了使振荡波形不产生较大失真，振荡器应工作于接近临界状态，可是这样又因工作条件变化，A_v 稍有减小时会造成电路停振。电路中加了 R_T 和 R_e 组成的负反馈电路，实现对 A_v 的自动控制。假如因某种原因 A_v 减小，则振荡器输出电压 U_o 降低。由图 6-10 可见，流过热敏电阻 R_T 的电流减小，电阻功率下降，温度降低。若热敏电阻具有负温度系数，则电阻值随温度降低而增加，使负反馈变弱，这样就阻止了 A_v 的减小，反之 A_v 增加时，负反馈增强，阻止 A_v 增加。显然加入 R_T 和 R_e 组成的负反馈，可以保持 A_v 基本不变，电路可以在接近临界状态下工作，大大减少输出波形失真，保证了输出电压的稳定。

从图 6-10 可以看出，R_T、R_1C_1、R_2C_2、R_{e1} 这四个支路构成一个电桥，而 VT_1 和 VT_2 组成的同相放大器正好接在这个电桥的两个对角上，如图 6-11 所示。所以这种 RC 桥式振

荡器又称为文氏电桥振荡器。

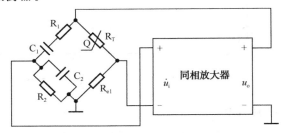

图 6-11　文氏电桥振荡器

文氏电桥振荡器的特点：

（1）调节频率方便。采用双连电位器或双联电容器可同时改变串联臂和并联臂中的 R 或 C，就可以改变频率。

（2）输出幅度稳定、波形良好。

文氏电桥拥有以上优点，广泛应用于频率可调的振荡器中。

6.4　振荡器的频率稳定

正弦波振荡器所产生的正弦振荡信号除了应该具有稳定振幅条件外，还应具有稳定的振荡频率。

6.4.1　振荡器的频率稳定度

频率稳定度是衡量振荡频率稳定程度的参数。第一种频率稳定度是按环境温度、电源电压等外界因素变化对 f_o 的影响定义的。例如：环境温度变化 1° 所引起的频率变化为 Δf，称频率偏差。频率稳定度 $= \dfrac{\Delta f}{f_o} / \mathrm{℃}$。电源电压变化 1V 时引起频率偏差为 Δf，则频率稳定度 $= \dfrac{\Delta f}{f_o} / U$。第二种频率稳定度，是把环境温度、电源电压等外界因素的影响综合考虑。把单位时间所产生的频率偏差 Δf 与 f_o 之比定义为稳定度。稳定度 $= \dfrac{\Delta f}{f_o} /$ 单位时间。

综上所述，频率稳定度是在一定时间间隔和温度下振荡频率的相对变化量。

$$稳定度 = \frac{\Delta f}{f_o} = \frac{|f - f_o|}{f_o} \tag{6-19}$$

其中 f_o 是振荡器由理论计算出的标准振荡频率，f 是实际频率。公式（6-19）值越小，稳定度越高。

6.4.2　影响频率稳定的因素

我们以 LC 振荡器为例分析影响振荡器稳定的主要因素。

1. LC 谐振回路元件参数不稳定

温度变化是影响 LC 谐振回路元件参数的主要因素。电感 L 的大小与线圈的几何尺寸有关，温度变化会影响线圈尺寸，使 L 值产生变化；而温度变化会影响电容极板尺寸与间距，使 C 值变化，直接影响 f_o。

2. 晶体管参数不稳定

由于晶体管的参数与工作点有关，所以温度、电源变化、晶体管的参数、结电容等会发生变化，并将导致 f_o 的变化。

还有一些次要因素，如空气湿度、电磁感应等。

6.4.3 提高频率稳定度的方法

（1）选择优质材料制作电路元件。
（2）用特殊工艺作电路元件，使之稳定、防潮、防碰、防振等。
（3）采用频率稳定度高的电路。

6.5 石英晶体振荡器

随着科学技术的发展，对正弦波振荡器的频率稳定度要求越来越高。例如电子计算机中的时标发生器及其他精密数字系统中往往采用石英晶体谐振器代替 LC 回路，组成石英晶体振荡器，其频率稳定度可达到 $10^{-6} \sim 10^{-8}$。

6.5.1 石英晶体的特性及等效电路

石英的化学成分为 S_1O_2，为各向异性的结晶体，将它按一定方位切成晶片，晶片两面镀上金属薄膜作为电极，再焊上引线，装上外壳，即成石英晶体谐振器，其代表符号如图 6-12（a）。

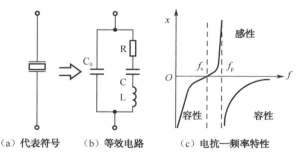

（a）代表符号　　（b）等效电路　　（c）电抗—频率特性

图 6-12　石英谐振器

若在石英晶片两极加上电压，晶片会在电场作用下产生机械变形；反之，若晶片受力而形变时，则在晶片两极上会产生异性电荷。这种物理现象称为压电效应。因此当晶片两极加上交变电压时，晶片会产生机械变形振动；反过来，石英晶片的机械振动又引起其两极板上电荷大小和极性的变化，形成交变电场。在一般情况下，晶片的机械振动和交变电场的振幅都很小，只有当外加交变电压的频率为某一特定频率时，振幅突然增加而达到最大，这种现象称为压电谐振，与 LC 回路中的串联谐振十分相似，因此石英晶体又称为石英谐振器。上述特定频率称为晶体的固有频率或谐振频率，此频率决定于晶片的外形尺寸和切割方式。

石英晶片可等效为一个 L、C、R 串联谐振回路，此外金属极板电容及支架分布电容等以等效电容 C_o 来表示，因此石英晶体谐振器可用图 6-12（b）来等效。

利用石英谐振器组成振荡器可获得很高的频率稳定度。

由于石英晶体谐振器损耗很小，其等效电阻可忽略不计。根据等效电路可定性地作出其电抗－频率特性如图 6-12（c）所示。

当 $f = f_\mathrm{s}$ 时 LC 支路产生串联谐振，等效电路的阻抗最小。

$$f_\mathrm{s} = \frac{1}{2\pi \sqrt{LC}} \tag{6-20}$$

当 $f = f_\mathrm{p}$ 时等效回路产生并联谐振，石英晶体呈现阻抗最大。

$$f_\mathrm{p} = \frac{1}{2\pi \sqrt{L\dfrac{CC_\mathrm{o}}{C+C_\mathrm{o}}}} = f_\mathrm{s} \sqrt{1 + \frac{C}{C_0}} \tag{6-21}$$

当 $f < f_\mathrm{s}$ 或 $f < f_\mathrm{c}$ 时，电感作用很弱，晶体呈容性；当 $f_\mathrm{s} < f < f_\mathrm{p}$ 时，晶体呈感性。可见，晶体在不同频率上可以等效成一个电感或一个电容。由于晶体等效为电感时品质因数 Q 值很高，所以在振荡器中常让其工作在 f_s 与 f_p 之间。

6.5.2　石英晶体振荡器

图 6-13 是一常用低频石英晶体振荡器电路。振荡频率为（50～130）kHz，在电子仪器中用作频率源。它由三部分组成，晶体管 VT_1 与石英谐振器组成并联型晶体振荡器；VT_2 管组成放大级；VT_3 组成射级输出级以增强电路的带载能力。

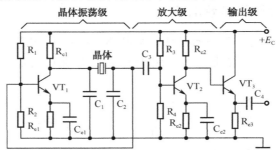

图 6-13　石英晶体振荡器电路

图 6-13 晶体振荡器的交流通路如图 4-14（a）所示，选频网络由 C_1 和 C_2 及石英晶体组成，根据自激振荡的相位平衡条件，振荡时晶体揩振器必须呈现为感性，因此，石英晶体工作在 $f_\mathrm{s} \sim f_\mathrm{p}$ 范围内，等效选频网络如图 6-14（b）。由此可见，这种振荡器是一个电容三点式振荡电路。为了计算振荡频率可将石英晶体的等效电路画出，如图 6-14（c）所示，将 C_1、C_2 串联再和 C_0 并联，再与 C 串联所得电容与 L 组成回路产生并联谐振（忽略 R）。

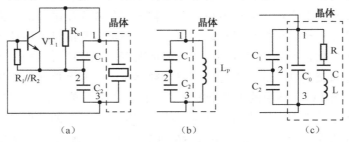

（a）　　　　　　　　　（b）　　　　　　　　　（c）

图 6-14　石英晶体振荡器交流通路

振荡频率为：

$$f_o \approx \frac{1}{2\pi \sqrt{L \dfrac{C\,(C_0+C')}{C+C_0+C'}}} \tag{6-22}$$

式中　$C' = \dfrac{C_1 C_2}{C_1+C_2}$

由于 $C \ll (C_o+C')$，因此回路中起作用的电容是 C，则谐振频率近似为：

$$f_o = \frac{1}{2\pi \sqrt{LC}} \approx f_s$$

由此可知，振荡频率基本上是由石英晶体的固有频率 f_s 起作用，而与 C_1、C_2 关系很小。因此，C_1 及 C_2 不稳定引起的频率漂移很小，振荡器的频率稳定度很高。

本章小结

（1）利用正反馈组成正弦波振荡电路。

（2）振荡器包括两个基本组成部分，即放大器和具有选频特性的反馈网络。

（3）为了产生并维持稳定的振荡，电路必须满足相位和振幅平衡条件及稳定条件。

（4）电路满足自激条件时，电源接通后电路中的电扰能成为初始激励信号。

（5）正弦振荡器种类很多。LC 振荡器工作于工作频率较高的场合，RC 振荡器工作于工作频率较低的场合。要求频率稳定度高时，多采用石英晶体振荡器。

习题 6

6-1　振荡器产生自激振荡的条件是什么？

6-2　正弦波振荡器由哪几部分组成？各部分有什么特点？如果没有选频网络，输出信号有何特点？

6-3　说明自激振荡的建立及振幅稳定过程。

6-4　图 6-习-1 中电路哪些能自激振荡？哪些不能？为什么？

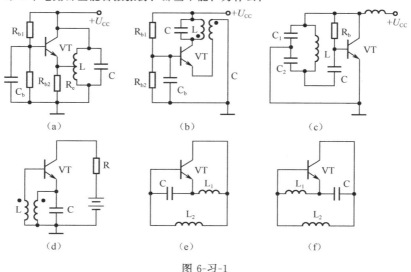

图 6-习-1

6-5　检查图6-习-2中LC振荡电路有哪些错误（提示：先由直流通路检查电路的直流偏置是否合理，再用瞬时极性法检查反馈）。

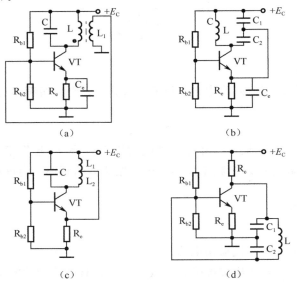

图 6-习-2

6-6　石英晶体振荡器的特点是什么？

6-7　根据正反馈相位条件判断图6-习-3中所示电路哪个可能起振？哪个不能起振？

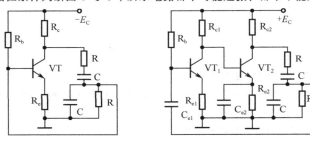

图 6-习-3

第7章
直流稳压电源

电子产品需要比较稳定的低压直流电源供电，这种电源虽然可以直接使用干电池，但经济实用的办法是利用交流电源经过变换而得到的直流电源。

直流电源的组成如图 7-1 所示。现将图中各个组成部分的作用分别说明如下：

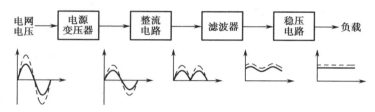

图 7-1   直流电源的组成

电源变压器：将电网提供的交流电压变换成整流所需的交流电压。

整流电路：将交流电变换成单向脉动的直流电，其特点是方向不变而大小随时间做周期性变化。

滤波电路：将单向脉动电压中的脉动成分滤掉，使输出电压成为比较平滑的直流电压。

稳压电路：使输出的直流电压在电网电压或负载电流发生变化时保持稳定。

本章将介绍各部分的具体电路和它们的工作原理。为了使问题简化，讨论整流电路时均假定整流二极管是理想二极管，即当二极管受到正向电压作用时，认为它的内阻是零，不考虑它的正向压降；当它受到反向电压作用时，认为它的内阻是无穷大，即不考虑它的反向电流。这个假设虽然不符合实际情况但却与实际情况很接近，因此既不影响对实际问题的讨论和分析，又可以使所讨论问题大大简化。

7.1   整流电路

能够把交流电变为单向脉动直流电的电路称为整流电路。本节主要讨论几种电阻负载的二极管单相整流电路。

常用的单相整流电路有：单相半波整流电路、单相全波整流电路、单相桥式整流电路和倍压整流电路四种类型。

7.1.1　单相半波整流电路

1. 整流电路工作原理

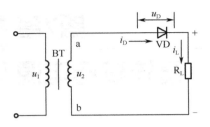

图 7-2　单相半波整流电路

半波整流电路如图 7-2 所示，它是整流电路中结构最简单的一种。当交流电 u_2 在正半周时（0～π 期间），变压器次级 u_2 的 a 端为正，b 端为负，这时二极管 VD 处于正向连接而导通。由于二极管 VD 导通时压降很小，因此负载 R_L 两端电压 IR_L 与 u_2 几乎相等。负载电流 i_L 的大小由负载 R_L 所决定，波形如图 7-3 所示。

在 u_2 负半周时（π～2π 期间），此时 u_2 的 a 端为负，b 端为正，二极管 VD 处于反向连接而截止。这时 u_2 电压全部加在二极管 VD 上，所以负载上没有电流流过，负载两端也没有电压输出。

上述过程不断重复进行。虽然 u_2 是不断变化着的交流电动势，但因为晶体二极管 VD 的单向导电性的作用，负载 R_L 上的电压和电流被"割掉"了一半，其波形见图 7-3。这时，负载 R_L 上的电流和电压的大小随时间变化，但方向却不变，故称为单向脉动直流电。由于这种整流电路中负载 R_L 上只在交流电正半周时才有电流流过，而在负半周时没有电流流过，故称为半波整流电路。

2. 负载上直流电流和电压的计算

半波整流后，在负载 R_L 上得到的是单向脉动直流，其中包含有直流成分和交流成份。经常以平均电压来描述一个脉动电压。

顾名思义，平均值是平均的意思，因此半波整流后，负载 R_L 上取得的电压波形如图 7-4 所示。

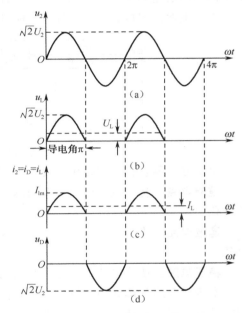

图 7-3　半波整流波形图

波峰和波谷，其平均值相当于把波峰上部割下来填补到空谷部分而得到，这时负载上的直流电压：

$$U_L = 0.45U_2 \tag{7-1}$$

式中 U_2 为变压器次级交流电压有效值。由于忽略了整流电路的等效内阻，因此，实际输出电压比计算值略低。

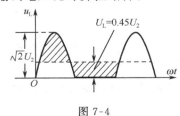

图 7-4

为了便于计算，有时根据负载电压 U_L 的数值求得变压器次级电压，可将公式(7-1)改写成：

$$U_2 = \frac{1}{0.45}U_L \approx 2.22U_L$$

流过负载的直流电流：

$$I_L = \frac{U_L}{R_L} = \frac{0.45U_2}{R_L} \tag{7-2}$$

3. 选择整流元件

流过整流元件的平均电流 I_{VD} 与流过负载的直流电流 I_L 相等。

$$I_{VD}=I_L=\frac{0.45U_2}{R_L}　　　　　　　　　　　　（7-3）$$

当二极管截止时，承受的最大反向电压 U_{Dm} 是 U_2 的最大值：

$$U_{Dm}=\sqrt{2}U_2　　　　　　　　　　　　　　　（7-4）$$

根据 I_{VD}、U_{Dm} 可选择整流二极管。考虑到电网电压的波动和其他因素，选用二极管的额定整流电流和额定工作电压参数应比 U_{Dm} 和 I_D 大些，留有一定余量，使二极管能长期安全工作。

4. 半波整流电路的优缺点

半波整流电路的优点是结构简单，所用元件较少；但由于电路只能把半个周期的交流电输送到负载上，电源的利用率不高，输出直流的脉动很大；同时，脉动电流的直流分量也通过变压器的次级，易使变压器发生磁饱和现象，从而降低变压器的效率。为消除磁饱和必须增加变压器铁芯截面积，也就增加了电源设备的体积和成本。半波整流虽能达到交流电变成直流电的目的，但由于存在上述缺点，所以仅在小电流（几十毫安以下）和对脉动要求不高的场合才采用。

【例7-1】　有一直流负载为 $2k\Omega$，要求流过电流为 $50mA$，如果采用半波整流电路，试求变压器次级 U_2 的电压值，并选择适当的整流二极管。

解：∵ $U_L=R_L\times I_L$

$$=2\times10^3\times50\times10^{-3}=100V$$

$$U_2=2.22\times100=222V$$

流过二极管的平均电流：

$$I_{VD}=I_L=50mA$$

二极管承受的最大反向电压：

$$U_{Dm}=\sqrt{2}U_2=1.41\times222=313V$$

查晶体管手册，可选用整流电流为 $100mA$，额定反向工作电压（峰值）为 $350V$ 的整流二极管 2CP17。

7.1.2　单相全波整流电路

全波整流电路是从半波整流电路改进过来的，弥补了半波整流电路只利用半个周期交流电的缺陷，把另外半个周期的交流电压也利用起来。电路如图7-5所示。

全波整流电路实际上是由两个半波整流电路组成。变压器 BT 的次级线圈具有中心抽头 o，因此从次级线圈可得到两个大小相等而相位相差 180°的交流电压 u_2 和 u'_2，即：

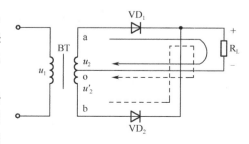

图7-5　单相全波整流电路

$$u_2 = -u'_2 = \sqrt{2}U_2 \sin\omega t$$

1. 电路的工作原理

当变压器 BT 次级交流电压在正半周（$0 \sim \pi$）时，a 端为正，b 端为负，此时二极管 VD_1 导通，VD_2 截止，电流经 VD_1 通过 R_L 与变压器中心抽头 o 形成回路。R_L 上得到半波整流电压和电流：

$$U_L = U_2 \quad i_L = i_{VD_1}$$

在负半周（$\pi \sim 2\pi$）时，b 端为正，a 端为负，此时二极管 VD_2 导通，VD_1 截止，电流经 VD_2、R_L 与变压器中心抽头 o 形成回路，R_L 上又得到半波整流电压和电流：

$$U_L = U_2 \quad i_L = i_{VD_2}$$

由此可知，在全波整流电路中两只二极管轮流工作。在负载上得到的电压和电流波形，如图 7-6 所示。

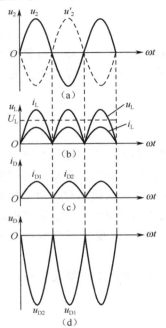

图 7-6　全波整流电路的波形图

2. 负载上直流电流和电压的计算

将图 7-3（b）与图 7-6（b）相比较，可知全波整流电路的直流输出电压是半波整流电路的一倍。由此可得：

直流电压：

$$U_L = 0.9U_2 \tag{7-5}$$

直流电流：

$$I_L = \frac{0.9U_2}{R_L} \tag{7-6}$$

3. 选择整流元件

在全波整流电路中，二极管 VD_1 和 VD_2 轮流导通，所以流过每个二极管的平均电流都是负载电流的一半：

$$I_{VD} = \frac{1}{2}I_L = \frac{0.45U_2}{R_L} \tag{7-7}$$

而二极管所承受的最大反向电压是 u_2 和 u'_2 两个交流电压的迭加，所以：

$$U_{Dm} = 2\sqrt{2}U_2 \tag{7-8}$$

4. 全波整流电路的优缺点

与半波整流电路相比，全波整流电路的优点是输出电压高，直流输出脉动小，变压器利用率比半波整流时高。但是变压器次级线圈必须有中心抽头，制造上比较麻烦，二极管承受的反向电压也增加了一倍。

【例 7-2】　设制一单相全波整流电路，要求输出电压为 110V，电流为 3A，求 U_2 和选择整流二极管。

解：因为 $U_L = 0.9U_2$，所以：

$$U_2 = \frac{U_L}{0.9} = \frac{110}{0.9} = 122V$$

流过二极管的平均电流：

$$I_{VD} = \frac{1}{2}I_L = \frac{3}{2} = 1.5A$$

二极管承受的最大反向电压：

$$U_{Dm} = 2\sqrt{2}U_2 = 2.82 \times 122 = 344V$$

查晶体管手册，可选用二只整流电流为 3A、额定反向工作电压为 500V 的整流二极管 2CZ12F（3A/500V）。

7.1.3　单相桥式整流电路

如图 7-7 所示的桥式整流电路中，不论正负半周都有电流通过负载 R_L，所以这也是一种全波整流电路，由于它是由四只二极管接成电桥的形式，交流电压 u_2 加到电桥的一个对角线上，而电桥的另一对角线输出直流电压 U_L，故称桥式整流电路。图 7-7 (a)、(b) 为常用画法，(c) 为简化表示法。

1. 电路工作原理

当在交流电第一个半周时，变压器次级 u_2 的 a 端为正，b 端为负，这时二极管 VD_1、VD_3 导通，电流从 a 端经 VD_1、R_L、VD_3 与 b 形成回路，如图 7-7 (a) 中虚线所示，在负载 R_L 上得到半波整流电压。

在第二个半周时，u_2 的 a 端为负，b 端为正，这时 VD_2、VD_4 导通，电流从 b 端经 VD_2、R_L、VD_4 与 a 端形成回路，如图 7-7 (b) 中虚线所示，R_L 上得到半波整流电压。

如此重复，在负载上得到一个同全波整流电路一样的电压和电流。它的波形如图 7-8 所示。

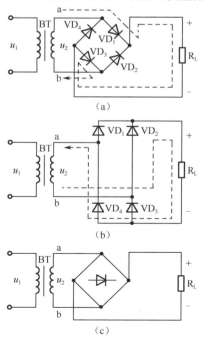

图 7-7　桥式整流电路

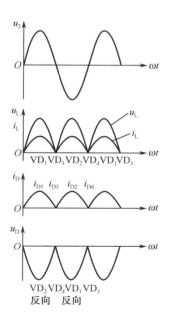

图 7-8　桥式整流波形图

2. 负载上直流电流和电压的计算

由于桥式整流效果和输出波形与全波整流电路相同，所以计算也相同。

直流电压：

$$U_{\mathrm{L}} = 0.9U_2$$

直流电流：

$$I_{\mathrm{L}} = \frac{0.9U_2}{R_{\mathrm{L}}}$$

3. 选择整流元件

桥式整流电路中，二极管 VD_1、VD_3、与 VD_2、VD_4 轮流导电，流过每个二极管的平均电流和全波整流电路一样：

$$I_{\mathrm{VD}} = \frac{1}{2}I_{\mathrm{L}} = \frac{0.45U_2}{R_{\mathrm{L}}}$$

整流元件所承受的反向电压与全波整流不同，如在 $0 \sim \pi$ 期间，VD_1、VD_3 导通，压降很小，如导线连接一样，a 点的正电位同时加在 VD_2、VD_4 的负极，b 点的负电位也同时加在 VD_2、VD_4 的正极，因此 VD_2、VD_4 受到最大反向电压是 u_2 的最大值：

$$U_{\mathrm{Dm}} = \sqrt{2}U_2 \tag{7-9}$$

在 $\pi \sim 2\pi$ 期间，二极管 VD_1、VD_3 所承受的反向电压和 VD_2、VD_4 同样大小。

4. 桥式整流电路的优缺点

由上面分析可知，桥式整流电路的整流效率和直流输出与全波整流电路一样，但变压器次级无需中心抽头，利用率高，二极管承受反向电压低，缺点是需要用四只整流二极管。

【例 7-3】 有一直流负载，需要直流电压 $U_{\mathrm{L}} = 60\mathrm{V}$，$I_{\mathrm{L}} = 16\mathrm{A}$，若采用桥式整流电路，求 u_2 和选择整流二极管。

解：因为 $U_{\mathrm{L}} = 0.9U_2$，所以：

$$U_2 = \frac{U_{\mathrm{L}}}{0.9} = \frac{60}{0.9} = 66.7\mathrm{V}$$

流过二极管的平均电流：

$$I_{\mathrm{VD}} = \frac{1}{2}I_{\mathrm{L}} = \frac{16}{2} = 8\mathrm{A}$$

二极管承受的最大反向电压：

$$U_{\mathrm{Dm}} = \sqrt{2}U_2 = 1.41 \times 66.7 = 94\mathrm{V}$$

查晶体管手册，可选用整流电流为 10A、额定反向工作电压为 100V 的整流二极管 2CZ14A（10A/100V）四只。

7.1.4 单相倍压整流电路

如果只有低电压的交流电源和耐压低的整流元件而需要高于整流输入电压若干倍的直流电压时，可以采用倍压整流电路。这种电路适用于输出直流高电压、小电流的小功率整流，如显示电路中的显像管的高压等。

1. 倍压整流电路

倍压整流电路如图 7-9 所示，在电容 C 的容量较大且负载 R_L 的阻值亦很大的情况下可以得到三组不同电压的输出。它的工作原理是：在 u_2 正半周时，二极管 VD_1 导通，对 C_1 充上$\sqrt{2}U_2$ 的电压并且基本保持不变。在 u_2 负半周时，二极管 VD_2 导通，对 C_2 同样充上$\sqrt{2}U_2$ 的电压，也基本保持不变。这时在 AC 和 BC 之间分别有正和负的$\sqrt{2}U_2$ 电压输出，在 AB 之间则是 AC 和 BC 的迭加 $2\sqrt{2}U_2$ 电压输出。

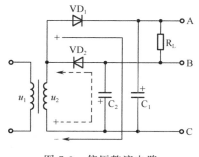

图 7-9　倍压整流电路

在倍压整流电路中，每个整流二极管承受的最大反向电压是 $2\sqrt{2}U_2$，电容器 C_1、C_2 所承受的电压为$\sqrt{2}U_2$，由于 U_2 正负半周分别对 C_1、C_2 充上$\sqrt{2}U_2$ 电压，负载 R_L 上有全波输出，所以它是一种全波二倍压整流电路。

2. 半波二倍压整流电路

图 7-10 所示的是半波二倍压整流电路，如果负载足够大，根据上面已叙述的原理可知在 U_2 正半周时，二极管 VD_1 导通，将 C_1 充上$\sqrt{2}U_2$ 电压并保持基本不变。

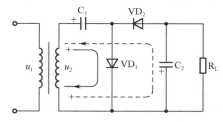

图 7-10　半波二倍压整流电路

在 u_2 负半周时，二极管 VD_2 导通，这时 C_1 上的电压 u_{c1} 与电源电压 u_2 相迭加，而对 C_2 充电的电压是 u_2 的峰值与 C_1 上电压之和，因此 C_2 充上的最大电压接近 $2\sqrt{2}U_2$。由于电路只是在 u_2 负半周时 C_2 才充上 $2\sqrt{2}U_2$ 电压，输出直流电压接近于半波整流的二倍，故称半波二倍压整流。

电路中每个整流元件承受最大反向电压是 $2\sqrt{2}U_2$，电容 C_1 承受的电压为$\sqrt{2}U_2$，C_2 承受的电压是 $2\sqrt{2}U_2$。

3. 三倍压整流电路

图 7-11 所示是三倍压整流电路。它的工作原理是：在 u_2 第一半周时，a 端为正，b 端为负，二极管 VD_1 导通对 C_1 充电至 U_2 的峰值$\sqrt{2}U_2$，见图 7-11（b）。

在 u_2 第二半周时，b 端为正，a 端为负。电源电压与电容 C_1 充电电压$\sqrt{2}U_2$ 串联迭加后通过 VD_2 对 C_2 充电至 $2\sqrt{2}U_2$，见图 7-11（c）。

在 u_2 第三半周时，a 端为正，b 端为负，u_2 与 C_2 上的电压串联相迭加，通过 VD_3 对 C_3 充电至 $3\sqrt{2}U_2$，见图 7-11（d）。

上述是三倍压的工作过程，为帮助理解，将 C_1、C_2、C_3 的充电过程分为 3 个半周来解释，实际上 C_1 和 C_3 是同时充电的。开始几个周期电容充电并不能到达所要求的电压，必须经过几个周期的反复后，电容上的电压才能稳定在 $3\sqrt{2}U_2$ 的电压值。

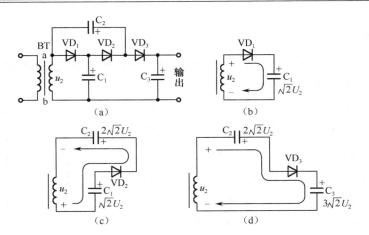

图 7-11　三倍压整流电路

电路中每个二极管承受的最大反向电压为 $2\sqrt{2}U_2$，但电容 C_1、C_2 和 C_3 上所承受的电压逐一升高为 $\sqrt{2}U_2$、$2\sqrt{2}U_2$ 和 $3\sqrt{2}U_2$。

每个整流元件虽然只要满足 $2\sqrt{2}U_2$ 的要求即能应用，但电容器的耐压数值却要逐倍增加，很不经济。图 7-12 所示的电路是经改动的三倍压整流电路。该线路能达到同样倍压的性能，而电容器的耐压数值只要求 $2\sqrt{2}U_2$。下面叙述一下其工作原理。

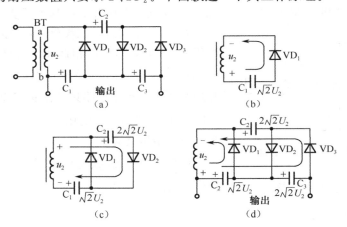

图 7-12　改进后的三倍压整流电路

u_2 第一半周时，b 端正，a 端负，二极管 VD_1 导通，对 C_1 充电至 $\sqrt{2}U_2$。

u_2 第二半周时，a 端正，b 端负，电源电压与 C_1 充电电压串联迭加对 C_2 充电至 $2\sqrt{2}U_2$。

u_2 第三半周时，b 端正，a 端负，一方面 u_2 通过 VD_1 对 C_1 充电，另一方面 u_2 与 C_2 上的充电电压串联迭加后，按 C_1、C_3、VD_3 和 C_2 回路充电，使 C_1 充电至 $\sqrt{2}U_2$，C_3 充电至 $2\sqrt{2}U_2$。

经过几个周期，在输出端便能稳定地得到三倍压的整流电压。依此类推，用几个二极管和电容器可组成几倍压整流电路。必须指出，虽然这种电路能够提高直流电压的输出幅度，但是带负载的能力却是很差的，所以只适用于小电流的场合。

7.2 滤波电路

整流电路解决了交流电转变为脉动直流电的问题，但是经过整流后的输出电压脉动还很大。在这脉动成份中除含有直流成份外，还含有大量的交流成份。为了衡量脉动的程度，通常用脉动系数 S 或纹波因数 γ 来表示，并规定脉动系数 S 为：

$$S = \frac{负载上最低次谐波分量的幅值}{直流分量}$$

纹波因数 γ 为：

$$\gamma = \frac{负载上交流分量的总有效值}{直流分量}$$

一般情况下，脉动系数 S 便于理论计算，而纹波因数 γ 便于测量（用有效值电压表测量）。例如：对半波整流电路的输出电压 U_L 可用付氏级数分析得：

$$U_L = \sqrt{2}U_2\left(\frac{1}{\pi} + \frac{1}{2}\sin\omega t - \frac{2}{3\pi}\cos 2\omega t - \frac{2}{15\pi}\cos 4\omega t \cdots\right)$$

第一项为直流分量，其幅值等于 $\frac{\sqrt{2}}{\pi}U_2$，第二项为最低次谐波分量，其幅值等于 $\frac{\sqrt{2}}{2}U_2$，则脉动系数 S 为：

$$S = \frac{\frac{\sqrt{2}}{2}U_2}{\frac{\sqrt{2}}{\pi}U_2} = \frac{\pi}{2} = 1.57$$

同理，对于全波整流和桥式整流可以得出 $S=0.67$。

全波整流和桥式整流电路得到的输出电压，其波形的脉动程度要比半波整流的减小一半，但输出电压脉动不能满足电子线路中电源的要求。为此，需要采用滤波器使脉动降低到实际应用所允许的程度。

滤波器实际上是一种只允许直流电压通过，而交流电压很难通过的电路，利用它能够滤除交流成份，使输出直流电压变得更平稳。

滤波器一般由电容、电感、电阻等元件所组成。因为电容对于直流是开路的，而对于交流却是通路；电感对于直流的电阻很小，而对于交流的阻抗却很大。根据电容和电感的特性把它们适当地组合起来，能很好地完成滤波任务。下面对常用的滤波器的结构、原理和特点进行分析。

7.2.1 电容滤波器

图 7-13（a）是一种最简单的半波整流电容滤波电路。滤波电容 C 直接并联在负载两端。图中变压器次级电压为 $u_2 = \sqrt{2}U_2\sin\omega t$。

在 u_2 的正半周开始时，输入电压上升，二极管 VD 导通，电源经二极管 VD 向负载提供电流的同时向电容 C 充电（充电电流如实线箭头所示），电容器上的电压 u_C 逐渐增加。当 $\omega t = \frac{\pi}{2}$ 时 u_2 达到最大值 $\sqrt{2}U_2$，这时 u_C 亦近似地充电到 $\sqrt{2}U_2$，因整流电路的内阻 R_n 很小，且 $R_n \ll R_L$，充电时间常数为：

$$\tau_C = \frac{R_n R_L}{R_n + R_L} \cdot C \approx R_n C \qquad (7\text{-}10)$$

由于 u_2 达到最大值以后开始下降，这时 $u_C > u_2$，则二极管 VD 承受反向电压提前截止，所以电容 C 开始经过负载电阻 R_L 而放电（放电电流如虚线所示）。u_2 为负半周时，加在 VD 上的反向电压更大，二极管 VD 仍处于截止状态，所以电容仍继续向负载电阻 R_L 放电，电压 u_C 逐渐下降，直到 u_2 进入第二个周期，且其电压又上升到 $u_2 > u_C$ 时二极管 VD 又开始导通，电容 C 才停止放电。放电时间常数为：

$$\tau_f = R_L C \qquad (7\text{-}11)$$

在放电时间内，负载电阻 R_L 上总是有电流流过，负载电压按 $u_C = \sqrt{2}U_2 e^{-\frac{t}{R_L C}}$ 变化。由于 $R_L C$ 值大，放电慢，故 u_C 降低得不多。当 $u_2 > u_C$，电容 C 又被充电，u_C 又很快充到 $\sqrt{2}u_2$ 值。当 u_2 从最大值处下降时，二极管 VD 又截止，电容又通过负载电阻 R_L 缓慢放电。如此不断重复进行，形成了比较平稳的直流电。电路中的电压、电流波形如图 7-13（b）所示。

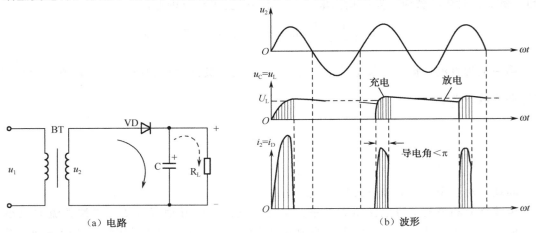

（a）电路　　　　　　　　　　　　　　　（b）波形

图 7-13　半波整流电容滤波电路及其波形

　　由图可见半波整流电路加上滤波电容以后不仅使输出电压变得平滑了，而且使输出电压平均值得到提高。这都是因为在二极管 VD 截止期间，电容 C 对 R_L 进行放电的结果。显然，当 C 的电容量一定时，R_L 越小则滤波电容 C 放电越快，使电压起伏越大；反之，R_L 越大，则电容 C 放电越慢，使输出电压越平坦，并且越接近 $\sqrt{2}U_2$。由于整流电路中加有滤波电容，二极管 VD 的导电角总是小于 π，只有在 u_2 的正半周内 $u_2 > u_C$ 时二极管才能导通，并对电容 C 进行充电。当电容 C 刚开始充电时，其瞬间电流很大，形成一种电流浪涌，使二极管受到冲击，故使用时必须加以注意。

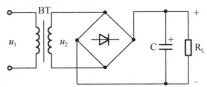

图 7-14　桥式整流电容滤波电路

　　图 7-14 所示为桥式整流电容滤波电路，将交流电压经过全波整流和电容滤波后，使输出电压比较平滑。其原理也是利用滤波电容这种储能元件的充电和放电作用来达到滤波的目的。

　　采用滤波电容器可以得到脉动很小的直流电压，但输出电压 u_L 受负载变动的影响很大（空载时，输出电压为 $\sqrt{2}U_2$；重载时，u_L 因 I_L 增大而迅速下降），故外特性差。图 7-15 为电容滤波的特性，其中图（a）表示了外特性——输出电压 u_L 与输出电流 I_L 的关系；图

（b）表示了滤波特性——脉动系数 S 与输出电流 I_L 的关系。可以看出，随着输出电流 I_L 的加大，输出电压下降，脉动系数增大，所以电容滤波器只适用于负载电流较小的场合。

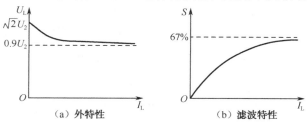

图 7-15　桥式整流电容滤波的特性

滤波电容 C 的选择与负载的大小有关，一般选在几十微法到几百微法。由于当负载去掉时，端电压将升高至 $\sqrt{2}u_2$，故电容的耐压应大于它实际工作时所承受的最大电压（通常取 u_2 的 1.5 倍～2 倍），一般采用电解电容器。使用电解电容器时，应注意极性不能接反。

【例 7-4】　如图 7-14 所示，用 220V、50Hz 的交流电源供电，要求输出直流电压为 300V，负载电流为 500mA，试选择整流二极管的型号、确定电容的大小和对电源变压器的要求。

解：通过每个二极管的平均电流为：

$$I_{VD} = \frac{1}{2}I_L = \frac{1}{2} \times 500 = 250 \text{mA}$$

有负载时的直流输出电压为 $u_L = (1.1 \sim 1.4) U_2$，若取 U_L 为 $1.2U_2$，可得变压器次级绕组电压有效值为：

$$U_2 = \frac{U_L}{1.2} = \frac{300}{1.2} = 250 \text{V}$$

每个二极管承受的最大反向电压为：

$$U_{Dm} = \sqrt{2}U_2 = \sqrt{2} \times 250 = 350 \text{V}$$

查晶体管手册，可选用 2CZ11E。它的最大整流电流为 1A，最大反向工作电压为 500V。

选滤波电容一般取：

$$R_L C \geqslant (3 \sim 5) \frac{T}{2}$$

式中 T 为交流电压的周期，$T = \frac{1}{f}$

$$T = \frac{1}{50} \text{Hz} = 0.02 \text{s}$$

现取：

$$R_L C = 3 \times \frac{T}{2} = 3 \times \frac{0.02}{2} = 0.03 \text{s}$$

$$R_L = \frac{U_L}{I_L} = \frac{300}{0.5} = 600 \Omega$$

所以滤波电容为：

$$C = \frac{0.03}{R_L} = \frac{0.03}{600} = 50 \mu\text{F}$$

通常电容的耐压取 $(1.5 \sim 2)U_2$，若取 $1.6U_2$，则为 $1.6 \times 250\text{V} = 400\text{V}$

7.2.2 电感滤波器

将电感线圈 L 和负载电阻 R_L 串联同样具有滤波作用。图 7-16（a）为全波整流电感滤波电路。滤波电感也是一种储能元件，当通过它的电流发生变化时，在电感中将产生电动势 $e = -L\dfrac{di}{dt}$，阻止电流变化。当电流增加时，感应电动势将阻止电流增加，同时把一部分能量储存于线圈的磁场中；当电流减小时，感应电动势将阻止电流减小，同时把储存的磁场能量放出来。所以通过电感滤波后，输出电压和电流的脉动大为减小，输出波形如图 7-16（b）所示。

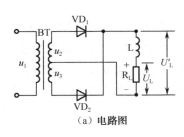
（a）电路图

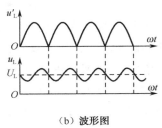
（b）波形图

图 7-16 全波整流电感滤波电路及波形图

线圈的电感愈大，产生的感应电动势也愈大，阻止负载电流变动的能力愈强，因此使输出电压的脉动愈小，滤波效果就愈好。但电感大了，不但成本大，而且线圈匝数增加，导致直流电阻也要增加，从而引起直流能量损失，故一般选几亨利到十几亨利。

对全波整流来说，电感滤波器的直流输出电压仍为 $0.9U_2$，当输出电流增加时，由于整流器内阻和电感上的直流电阻产生压降，所以输出电压略有下降，其外特性如图 7-17（a）所示，而其滤波特性将随输出电流的加大而越来越平滑，如图 7-17（b）所示。电感滤波器适用于负载电流较大的场合。

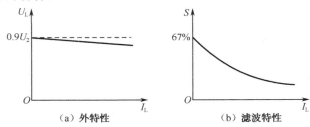
（a）外特性　　　　（b）滤波特性

图 7-17 全波整流电感滤波的特性

7.2.3 复式滤波器

利用串联电感和并联电容都能够起滤波作用，为了进一步减小脉动程度提高滤波效果，可以将滤波电感和滤波电容组合连接成复式滤波器，常用 Γ 型滤波器和 Π 型滤波器两种。

1. Γ型滤波器

图 7-18 是一个滤波电感加上一个滤波电容组成的 Γ 型滤波器。由于电感对交流分量具有很大感抗，产生了很大交流压降，减小了输出端的交流成分；而电

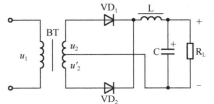
图 7-18 全波整流 Γ 型滤波器

容对交流分量的阻抗很小，把交流电流分流，进一步减小了负载 R_L 上的交流成分，输出直流电压变得更加平滑。

在一定的负载电流的变动范围内，Γ 型滤波器的外特性很好，与电感滤波器相似，当负载电流在相当大的范围内变化时，均能获得良好的滤波效果。它适用于负载变动大、输出电流较大的场合。

2. Π 型滤波器

Π 型滤波器如图 7-19（a）所示，它可以看作由一个电容滤波器和一个 Γ 型滤波器所组成。

Π 型滤波器是一种电容输入式滤波器，整流后的脉动电压是先在电容 C_1 上，由于电容 C_1 的充放电作用，使输出直流电压平均值比 Γ 型滤波器高些。Π 型滤波器由于为电容输入式，故电容充电时浪涌电流带来的问题须加以注意，即选择整流二极管时应使二极管的最大整流电流留有余量。在电容 C_1 两端所得到的已较平滑的输出电压仍然可看成由直流分量和交流分量所组成，因此再经过电感 L 和电容 C_2 进行滤波，使输出电压的脉动大大减小而更加平滑。所以，Π 型滤波器的滤波性能比 Γ 型滤波器更好，输出电压也高，在各种电子设备中广泛应用。

负载电流小的场合，为了使结构简单经济，常常用一个适当阻值的电阻代替电感线圈组成 Π 型 RC 滤波器，如图 7-19（b）所示。这时，由于脉动电压中的交流分量在电阻上产生较大的电压降可使电容 C_2 上的交流分量减少，从而获得滤波的效果。由于电流流过电阻时也有直流分量的压降和功率损耗，故 Π 型 RC 滤波器一般只适用于输出电流小且负载较稳定的场合，它同时还具有降压限流的作用。

为了便于比较，将 L 型、C 型、Γ 型和 Π 型四种滤波器滤波特性给出如图 7-20 所示。

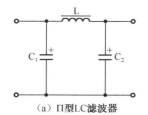

（a）Π型LC滤波器

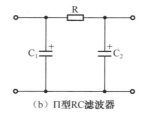

（b）Π型RC滤波器

图 7-19　Π 型滤波器

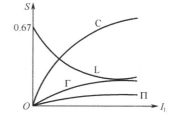

图 7-20　各种滤波器的滤波特性

它们的电路、优缺点和使用场合列于表 7-1 中。

表 7-1　各种滤波器的比较

形 式	电 路	优 点	缺 点	使 用 场 合
电容滤波		（1）输出电压高 （2）在小电流时滤波效果较好	（1）负载能力差 （2）电源接通瞬间因充电电流很大，整流管要承受很大正向浪涌电流	负载电流较小的场合

续表

形式	电 路	优 点	缺 点	使 用 场 合
电感滤波		（1）负载能力较好 （2）对变动的负载滤波效果较好 （3）整流管不会受到浪涌电流的损害	（1）负载电流大时扼流圈铁心要很大才能有较好的滤波效果 （2）输出电压较低 （3）变动的电流在电感上的反电势可能击穿半导体器件	适宜于负载变动大，负载电流大的场合。在可控硅整流电源中用得较多
Γ型滤波		（1）输出电流较大 （2）负载能力较好 （3）滤波效果好	电感线圈体积大，成本高	适宜于负载变动大，负载电流较大的场合
Ⅱ型LC滤波		（1）输出电压高 （2）滤波效果好	（1）输出电流较小 （2）负载能力差	适宜于负载电流较小，要求稳定的场合
Ⅱ型RC滤波		（1）滤波效果较好 （2）结构简单经济 （3）能兼起降压、限流作用	（1）输出电流较小 （2）负载能力差	适合于负载电流小的场合

　　整流与滤波电路虽然可把交流电压转换成波形相当平滑的直流电压，但所获得的直流电压往往不稳定，受到电网电压波动及负载变化的影响，因此，在要求直流电源有较高稳定输出的电子设备中，必须设计直流稳压电路。

7.3　硅稳压管稳压电路

　　前面介绍的各种整流滤波电路所输出的直流电压，在电网电压或负载有变动时都将发生变化。因此，在对直流电压要求比较稳定的设备中，通常在整流滤波电路后面总是加有稳压电路，以减小电网电压或负载变动时直流电压输出的变化。本节只介绍常用的最简单的一种稳压电路。

7.3.1　硅稳压管

硅稳压管是晶体二极管的一种，主要用途是稳定电压，它的符号见图 7-22 中的 VD_W 管。与一般二极管不同，它的工作范围恰恰是取在击穿区域。稳压管有以下两个特点。

　　（1）允许在不超过最大耗散功率的击穿区工作。

　　当工作在击穿区时，只要通过这个管子的反向电流小于这个管子的最大允许电流，或者说，这个管子上耗散的功率不超过最大耗散功率，则稳压管不会烧坏，能正常工作。

（2）稳压管在一定电压下具有陡峭的击穿特性。

图 7-21 所示的曲线是稳压管 $2CW_1$ 的特性。标志稳压管的主要参数有：

a. 稳定电压 U_W——在稳定范围内，稳压管上的电压（图 7-22 中即为 8V）。

b. 稳定电流 I_W——指稳压特性最好一点的电流值（图 7-22 中为 5mA），通常稳压管工作电流大于此值。

c. 最大稳定电流 I_{WM}——指稳压二极管工作时允许通过的最大电流（图 7-22 中为 33mA）。

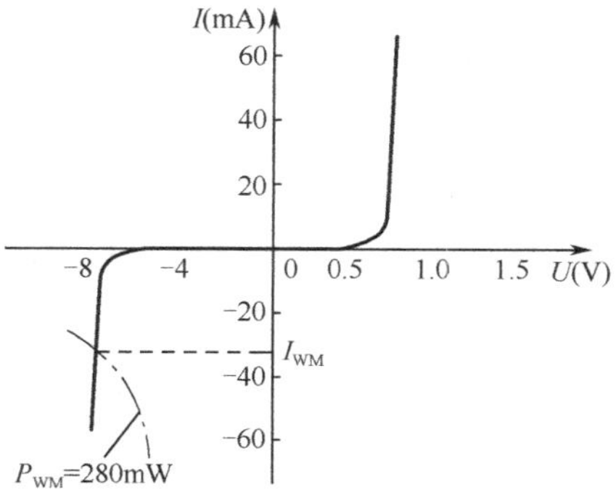

d. 最大耗散功率 P_{WM}——在稳压电压下，电流增大到某一数值 I_{WM} 时（管子中发出所能允许的最大热量），将导致管子损坏的功率（在图 7-22 中为 280mW）。

$$P_{WM} = U_W I_{WM}。$$

e. 动态电阻 r_W——在工作区域内，稳压管二端电压的变化与电流的变化的比值随工作点不同而变，其值越小则越好。

图 7-21　硅稳压管 $2CW_1$ 的特性曲线

7.3.2　硅稳压管稳压电路

图 7-22 所示硅稳压管作稳定直流电压的最简单电路是小功率设备中常用的电路。稳压管 VD_W 的作用是稳定电压，电源电压 U_i 通过调节电阻 R 加到稳压管 VD_W 上。这样在稳压管中有一个工作电流 I_W 流过，I_W 与负载 R_L 中的电流 I_L 的和就是通过调节电阻 R 的电流 I：

$$I = I_W + I_L \tag{7-12}$$

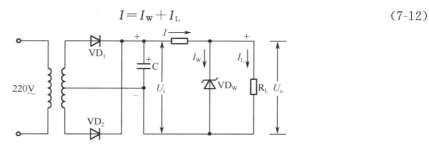

图 7-22　硅稳压管稳压电路

该电路的工作原理是：当 U_i 增加时，亦会引起 U_o 增大，但此时 VD_W 上的电流 I_W 将自动大量增加，因而流过 R 的电流 I 将增加，使 R 上的压降 U_R 增大，从而抵消 U_i 的增加量，保持输出电压 U_o 的稳定。反之，如果当输入电压 U_i 下降时，则 I_W 也下将，于是 I 下降，U_R 下降，从而亦保持了输出电压 U_o 的稳定。显然，稳压管在其中起着自动调节的作用。

从负载的角度分析，如果负载的变动引起负载电流 I_L 的增加，则根据全电路欧姆定律可知它将使输出电压下降，这时，稳压管电流 I_W 自动减小，I_L 增加量和 I_W 减小量相抵消，于是维持流过 R 的电流 I 保持不变，因而 U_R 不变，从而稳定了输出电压 U_o。

7. 3. 3 电路设计

1. 选择稳压管

稳压管的稳定电压 U_W 是所需稳定的电压 U_o。稳压管的工作电流应选取相近于流过负载的电流，即 $I_W = I_L$，且取 $I_{WM} \geqslant (2 \sim 3)I_W$。因为：如果负载断路（空载），则所有的电流都要通过稳压管，另外，考虑到电源电压的增加也会使 I_W 增大，所以稳压管的工作电流应比它所能承受的最大电流要小一半或更多些。

额定输入电压 U_i 与输出电压 U_o 的关系应满足：

$$U_i = (2 \sim 3)U_o$$

2. 调整电阻 R 的确定

调整电阻 R 对输出电压 U_o 的稳定性关系很大，可根据下式确定：

$$R = \frac{U_i - U_o}{I} \tag{7-13}$$

式中：$I = I_W + I_L$ 是流过电阻 R 的电流，一般取 $I = (1.4 \sim 2)I_L$；U_i 取得越大则 R 也越大，虽然稳定性能较好，但损耗也较大。

电阻的额定功率：

$$P_R = (2 \sim 3)I_M^2 R$$

式中：I_M——流过电阻 R 的最大电流。

3. 校验

（1）当 U_i 变到最大及负载电流最小（空载）时，这时稳压管中流过的电流将是最大，为了保证稳压管的安全，这个电流应小于稳压管的最大允许电流 I_{WM}。如超过最大允许电流，则应重选管子或加大 R。若晶体管手册中无此参数，则可用下式求得：

$$I_{WM} = \frac{P_{WM}}{U_W} \tag{7-14}$$

式中：P_{WM}——最大耗散功率。

（2）当 U_i 变到最小值及负载电流最大（满载）时，这时的输出电压将最小，但 U_o 仍应大于稳压管的稳定电压，否则不能起稳压作用。

现以图 7-22 的稳压电路为例加以具体设计说明，若进线电压 U_i 为 28V，变动范围为 10%，要求输出电压为 10V，负载最大电流为 40mA，空载电流为 0mA，试确定调整电阻 R 及稳压管。

第一步，选择稳压管。对稳压管的要求：

稳定电压：

$$U_W = U_i = 10V$$

最大稳定电流：

$$I_{WM} = 2I_L = 80mA$$

查晶体管手册，得稳压管 2CW21F 的 U_W 为 9V～10.5V；I_{WM} 为 95mA；P_{WM} 为 1W，基本上可满足要求，所以采用 2CW21F。

第二步，确定电阻 R。取：

$$I = 2I_L = 2 \times 40 = 80\text{mA}$$

则：

$$R = \frac{U_i - U_o}{I} = \frac{28 - 10}{80} = \frac{18}{80} = 225\Omega$$

第三步，校验两种情况：

a. U_i 最大时是：

$$28 + 28 \times 10\% = 30.8\text{V}$$

这时通过调整电阻 R 的电流：

$$I = \frac{30.8 - 10}{225} = \frac{20.8}{225} = 92\text{mA}$$

因为 $I_L = 0$ 时，则 I_w 达到最大值 $I_M = 92\text{mA}$

$$92\text{mA} < I_{WM} = 95\text{mA}$$

所以稳压管 2CW21F 可以应用。

b. U_i 最小时是：

$$28 - 28 \times 10\% = 25.2\text{V}$$

最大负载电流 $I_L = 40\text{mA}$，稳压管的电流取维持管子稳压状态的最小电流 I_w，假如以 2mA 计算，则在 R 上的压降为：

$$U_R = 225 \times 42 \times 10^{-3} = 9.45\text{V}$$

$$U_i - U_R = 25.2 - 9.45 = 15.75\text{V}$$

$$15.75\text{V} > U_w = 10\text{V}$$

稳压管 2CW21F 也可以应用。

最后确定调整电阻 R 的功率，取：

$$P_R = 2I_M^2 R = 2 \times (92 \times 10^{-3})^2 \times 225 = 3.8\text{W}$$

R 可取 5W 的电阻。

7.4 串联型稳压电源

7.4.1 晶体管串联型固定式稳压电源

上节分析的稳压管组成的并联型稳压电路，其输出电流受到稳压管最大稳定电流 I_{WM} 的限制，为了提高输出功率，可以在稳压管和负载之间加入晶体管组成的具有功率放大作用的射极输出器，如图 7-23（a）所示。

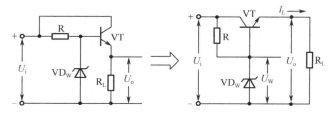

图 7-23 串联型固定式稳压电源

由于射极输出器的电压放大倍数近似为 1，负载电压 U_o 仍近似等于稳压管的稳定电压 U_w，但射极输出器的射极电流比基极电流大 $(1+\beta)$ 倍，具有很高的电流放大倍数和功率放大倍数，在稳压管额定值不变的情况下，使稳压电源的输出功率增大，提高了带负载能力。

通常把图7-23（a）所示的电路画成图7-23（b）所示的电路形式。不难看出，晶体管VT 和负载 R_L 是串联的，这是最简单的晶体管串联型固定式稳压电路。该电路稳压原理是：电阻 R 和稳压管 VD_W 组成一个稳压环节，产生基准电压 U_W。基准电压 U_W 和输出电压 U_o 的差值 U_{be} 控制晶体管 VT 的工作状态，利用输出电压 U_o 的变化量促使晶体管 VT 的 U_{be} 的变化，达到稳定输出电压的目的。例如，当电网电压升高使输出电压 U_o 增大时，晶体管 VT 的 U_{be} 减小，使其工作状态向截止方向变化，管压降 U_{ce} 增大，从而保持 $U_o = U_i - U_{ce}$ 基本不变。当输出电压 U_o 因故降低时情况刚好相反。可见，这个电路是一个闭合的负反馈系统，晶体管 VT 起到自动调节的可变电阻作用，取名为调整管；而 D_W 的电压固定不变，其稳定电压 U_W 叫做基准电压。

简化稳压过程表示如下：

电网电压波动使 $\quad U_o \uparrow \rightarrow U_{be} \downarrow \rightarrow I_c \downarrow \rightarrow U_{ce} \uparrow \rceil$
$\qquad\qquad\qquad\quad U_o \downarrow$

当输入电压不变而负载电流变化时的情况又怎样呢？

例如当负载电流 $\quad I_L U_o \downarrow \rightarrow U_{be} \uparrow \rightarrow I_c \uparrow \rightarrow U_{ce} \downarrow \rceil$
$\qquad\qquad\qquad U_o \uparrow$

其结果使输出电压保持稳定。

串联型固定式稳压电源电路优越于并联型稳压电路的方面是输出电流大，带负载能力较强，稳定度有了提高，但其输出电压仍取决于稳压管的稳定电压 U_W，当需要改变输出电压时必须更换稳压管。要特别指出的是，调整管的工作状态是由 U_o 和 U_W 的静态差值 U_{be} 来维持，因此该种类型电路的输出电压只能做到基本不变，稳定精度较差。

7.4.2　晶体管串联型可调式稳压电源

串联型可调式稳压电源如图7-24所示。晶体管 VT_1 与负载相串联，输出电压 $U_o = U_i - U_{ce1}$，晶体管 VT_1 起调整输出电压的作用，这就是前面讲到过的调整管；由晶体管 VT_2 构成电压放大环节；由 R_1、R_2、W 组成分压器，分压器起着测量输出电压变化量 $\triangle U_o$ 的作用，叫做取样环节；取样电压 U_{b2} 和基准电压 U_W 比较后的电压差值经 VT_2 放大后控制调整管 VT_1，因此晶体管 VT_2 叫作放大管；R_c 是放大管的集电极电阻，R_3 是稳压管 D_W 的限流电阻。下面分析该电路的工作原理。

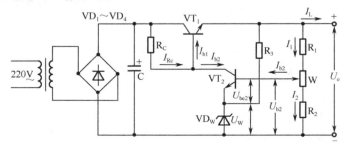

图7-24　串联型可调式稳压电源

当输出电压因电网电压波动或负载变化而发生变化时，经取样分压器取出的取样电压也随之改变，取样电压与基准电压比较之后产生新的差值电压 U'_{be2}（$= U'_{b2} - U_W$），经放大管放大后去控制调整管，改变其管压降 U_{ce1}，从而使输出电压受到牵制。例如，输出电压 U_o 因故升高时，则有以下过程发生：

$$U_o \uparrow \rightarrow U_{\text{b2}} \uparrow \rightarrow U_{\text{be2}} \rightarrow U_{\text{c2}} \downarrow \rightarrow U_{\text{be1}} \downarrow$$
$$U_o \downarrow \xrightarrow{\hspace{4cm}} U_{\text{ec1}} \uparrow$$

从而维持输出电压基本不变。如果放大管的放大倍数足够大，只要输出电压发生微小的变化可以使调整管 U_{ce1} 立即产生调整作用。可见，放大环节的放大倍数愈大，输出电压的稳定度愈高。

同理，当输出电压 U_o 因故减小时，则发生相反的过程，导致调整管的 U_{ce1} 减小来维持输出电压 U_o 的稳定。需要改变输出电压时，调节电位器 W 便可实现。

串联型可调的稳压电源实质上是一个电压负反馈电路，反馈电压是 U_{b2}，它从输出电压 U_o 中取出与基准电压 U_W 相比较，然后把差值电压进行放大去控制调整管，调节管压降 U_{ce1} 使输出电压重新恢复到原来的稳定值。

综上所述，晶体管串联型稳压电源主要由变压器、整流滤波器、调整部分、比较放大部分、基准电压和取样部分等组成，此外还有过流保护电路。一个完整的串联型稳压电源的方框图如图 7-25 所示。

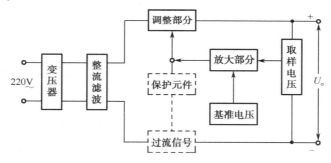

图 7-25　串联型稳压电源方框图

7.4.3　提高稳压电源性能的措施

为了进一步提高稳压电源的质量和使电路安全可靠地运行，图 7-25 所示的电路需要进一步加以改进，基本方法如下：

1. 采用复合管作调整管

串联型稳压电源中的调整管上流经的电流基本上是负载电流 I_L，当负载电流较大时，调整管所需要的基极电流 I_b 也较大。为了减少推动调整管的控制电流，可以如图 7-26（a）所示用复合管来代替调整管，因为

$$I_{\text{e1}} \approx \beta_1 \beta_2 I_{\text{b2}}$$

所以只要用较小的基极电流 I_{b2} 便可控制较大的输出电流 I_{e1}。

采用复合管可以获得很高的电流放大倍数，这是有利的一面。但是使穿透电流的影响增加，降低输出电压的稳定精度，原因是 VT_2 的穿透电流经 VT_1 得到放大，当温度变化时影响了调整管的工作。特别是采用多管组成的复合管，当负载电流较小的情况下，有可能使调整管工作偏离放大区。为了克服穿透电流的影响，通常采用如图 7-26（b）所示办法，在 VT_2 的发射极接入一只电阻 R 给穿透电流提供一条分流支路，减小流入下一级管子的电流。

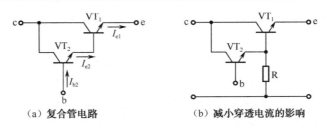

图 7-26　用复合管作调整管

此外，当用单只晶体管作调整管不能适应输出功率的需要时，可用两只和多只同类型的晶体管作并联使用，如图 7-27 所示。图中的电阻 R 是均流电阻，其作用是避免因两只晶体管参数差异造成两管电流不相等的现象。这个电阻一般取零点几欧为好，否则会使功率损耗增加。

2. 放大环节采用差动放大器

减小零点漂移对稳压电源的影响以便进一步提高输出电压的稳定精度是改进稳压电源的主要目标之一。零点漂移的影响主要来自放大环节，因此在要求稳定度较高的场合，稳压电源的放大环节均采用零点漂移小的差动放大器，如图 7-28 所示。图中利用两个管 VT_3 和 VT_4 以及发射极电阻 R_e 来减小零点漂移，偏差电压经差动放大后控制调整管。电路自动调整输出电压的原理可以参阅前面的已有分析。

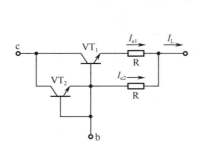

图 7-27　调整管并联使用

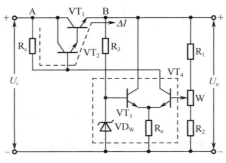

图 7-28　采用差动放大器的稳压电源

3. 加设辅助电源

图 7-28 电路中放大管的集电极电阻 R_c 接到稳压电源输入端正极，这对放大管的工作状态影响不大，但 R_c 两端电压的变化却直接反映到调整管基极，使基极电位随之改变，导致输出电压产生波动，解决的根本办法是为放大管加设辅助电源，如图 7-29 所示。

辅助电源是一个简单的稳压电路，它由变压器单独的次级绕组经二极管 $VD_5 \sim VD_8$ 和电容 C_2 进行整流滤波，由稳压管 VD_{W2} 稳压，R_7 是限流电阻，这个电路就是前面介绍过的并联型稳压电路。图 7-29 中放大管的集电极电阻 R_c 接到这个辅助电源（又称上辅助电源）上，其集电极电源电压等于输出电压 U_o 与辅助电源电压 U_{W2} 之和，具有辅助电源的稳压电路。虽然所用元件较多，但获得的电压稳定度很高，生产实际中被广泛采用。

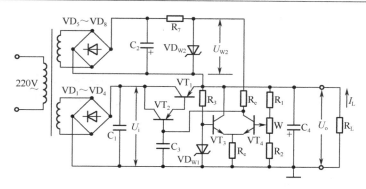

图 7-29　独立式辅助电源的稳压电路

4. 放大部分采用恒流源负载

稳压电源放大部分要具有较高的放大倍数以提高电源的稳定度和减小电源内阻。可是一个放大器当电源电压 E_C 一定时，R_c 越大，工作电流 I_e 就越偏低。根据晶体三极管输入电阻的近似计算公式可知：I_e 偏低时，r_{be} 就大，这和放大倍数要求 R_c 大、r_{be} 小是相矛盾的。用什么元件代替 R_c 使 VT_3 管的动态负载电阻很大而工作电流 I_e 又不太低呢？我们自然会首选用晶体管代替 R_c，作为恒流源负载。如图 7-30 所示。由管 VT_4 组成恒流源负载。从图中看出稳压管 VD_{W2} 的电压为

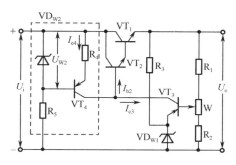

图 7-30　采用恒流源负载的稳压电源

$$U_{W2} = R_4 I_{e4} + U_{be4}$$

一般 $U_{be4} \ll U_{W2}$，所以 $I_{e4} \approx U_{W2}/R_4$ 相当于一个恒流源。又因为 $I_{e4} \approx I_{c3} + I_{b2}$，只要选择 I_{c3} 有一定数值（如 1mA～2mA），即可得到较小的 r_{be3}，由于晶体管的输出特性曲线是平坦的，即动态电阻很大，相当于 VT_3 的集电极动态负载电阻很大。因此放大级采用恒流源负载使 VT_3 的放大作用能充分发挥，同时等效 R_c 大，可以使 $\triangle U_i$ 直接通过 R_c 影响调整管的作用很弱，有利于提高稳定度。

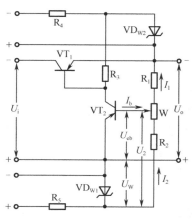

图 7-31　扩大电压调节范围的方法

5. 扩大电压调节范围的方法

一般的稳压电路是利用电位器改变取样电阻的分压比来调节输出电压。这种调节输出电压的方法比较简单，缺点是调节范围窄。由于取样电阻比小于或等于 1，所以输出电压不能调到低于基准电压值，更不能从零调起，其原因就在于稳压管是串在发射极电路上，如果将稳压管从发射极电路移到基极电路来，并由独立的下辅助电源供电，可以扩大电压调节范围，实现电压调到接近于零。图 7-31 所示就是这种电路。

该电路 U_o 调到接近于零时，$U_{eb} \approx 0$，但由于存在由 R_5 和 VD_{W1} 所组成的下辅助电源，使放大管在调压过程中

始终工作于线性放大区而不会截止就是采用下辅助电源的结果。缺点是电路较为复杂。

6. 稳压电源的过流和短路保护

串联型稳压电源的调整管和负载串联，其负载电流全部流经调整管。由于晶体管的过载能力较差，如果输出端短路或过载会使调整管因电流过大而损坏，尤其是负载经常变动的稳压电源需要采取过电流保护措施。下面介绍常用的两种过流保护电路——限流型保护电路和截止型保护电路。

（1）限流型过电流保护电路：

a. 二极管的过流保护电路：

图 7-32 所示的是二极管作过流保护电路的稳压电源。图中 R_0 是检测电阻，它串联在输出回路上，当输出电流变化时，R_0 上的压降也变化，其压降的大小反映了负载电流变化的情况。

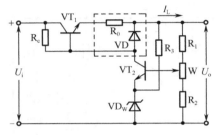

图 7-32　二极管限流型保护电路

二极管 VD 两端的电压等于调整管 VT_1 的 U_{be} 和检测电阻 R_0 上的压降之和。电路工作正常时，负载电流 I_L 在额定值以下，R_0 上压降比较小，即 $U_{be1} + R_0 I_L$ 很小，二极管不导通，对调整管工作无影响。当负载短路或过载时，负载电流增大（一般选择动作电流等于额定电流的 1.5 倍），这时使 $U_{be1} + R_0 I_L \geqslant$ 0.7V，二极管导通。由于二极管导通后的分流作用，使调整管基极电流大大减少，限制集电极电流增加，

保护了调整管免受过电流损坏。一旦故障消失后，负载电流减小，二极管截止，电路自动恢复正常工作。

b. 晶体管限流型保护电路：

图 7-33（a）是用晶体管做限流环节的保护电路（虚线框内部分）。

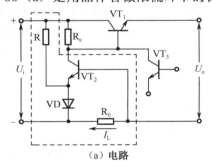
（a）电路

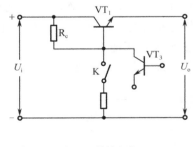
（b）等效电路

图 7-33　晶体管限流型保护电路

保护电路由 VT_2、VD、R 和 R_0 组成。其工作原理是：保护管 VT_2 的发射极电位被 VD 的正向压降所固定，其发射结电压 U_{be2} 等于检测电阻 R_0 的压降与二极管 VD 的正向压降之差，即 $U_{be2} = I_L R_0 - U_D$。负载正常时，I_L 在额定值之下，检测电阻 R_0 上的压降也较小，保护管 VT_2 因射极电位高于基极电位而截止，集电极电流 $I_{c2} = 0$，调整管的基极电位决定于放大管的输出电压，保护电路不影响稳压电路的工作，相当于图 7-33（b）电路中的开关 K 打开。

电路发生过载或短路时，负载电流 I_L 增大，R_0 上的压降也增大，使保护管的基极电位高于射极电位（如 $U_{be} = 0.5V$），VT_2 开始导通，使调整管 VT_1 的基极电位降低，集电极电流减

少，从而限制了输出电流，这相当于图 7-33（b）电路中的开关 K 合上。在故障存在期间，保护管 VT$_2$ 始终保持导通状态，使输出电流被限制在允许值范围之内。一旦故障消失，R$_0$ 上的压降减小，VT$_2$ 又转为截止，稳压电路自动恢复正常工作。

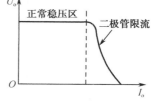

图 7-34　二极管限流保护电路的输出特性

上面介绍的两种限流型保护电路从工作原理可以看出，起保护作用的二极管或三极管的导通都是由输出电流在信号检测电阻 R$_0$ 上产生的压降直接引起的。因此，过流保护电路一旦工作后，输出电流便基本上保持恒定，与输出的状态无关。这种保护电路工作后，输出电压开始下降，其输出特性曲线如图 7-34 所示。

采用这种保护电路必须注意到，在输出端短路时，全部输入电压加在调整管上，因此调整管的功耗比正常运行时大得多。因此稳压电源若采取限流保护，在设计调整管的最大功率时要按保护状态下的功率来考虑。

（2）截止型过电流保护电路：

图 7-35 所示的是电流截止型保护电路，图中虚线框内部分是保护电路。下面介绍它的工作原理。

稳压管 VD$_W$ 通过电阻 R$_5$ 获得一个稳定电压 U$_W$，经 R$_1$ 和 R$_2$ 分压使保护管 VT$_2$ 基极电位固定下来，极性为正。合理选择 R$_3$ 和 R$_4$ 的大小就可以保证负载电流正常时，管 VT$_2$ 因射极电位高于基极电位而截止，保护电路不起作用。当负载电流超过整定值时，检测电阻 R$_0$ 上的压降增加，使保护管 VT$_2$ 的基极电位升高，并高于射极电位，于是，VT$_2$ 导通，其集电极电位下降，使调整管的管压降增大，输出电压 U$_0$ 减小。由于 U$_0$ 的减小，通过 R$_3$ 和 R$_4$ 的分压作用使保护管 VT$_2$ 的射极电位下降，这时由于 U$_W$ 是稳定的，VT$_2$ 的基极电位仍保持不变，故 VT$_2$ 更加导通，促使输出电压 U$_0$ 又进一步下降……，这个正反馈过程一直进行到调整管接近于截止，U$_0$ 下降到接近于零。这种保护电路一般叫做反馈截止型保护电路，该电路一旦发生保护，输出电压和输出电流都能下降到较低的数值，其输出特性如图 7-36 所示。

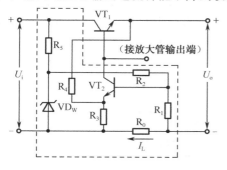

图 7-35　电流截止型保护电路

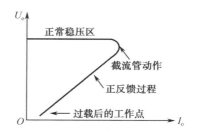

图 7-36　截流型保护电路的输出特性

保护电路动作以后，VT$_2$ 靠 R$_1$ 上的分压维持导通，调整管的基极电位稍高于零电位，因此集电极电流也不完全等于零，这样有利于一旦故障消除后电路便可很快自动恢复工作。

最后要说明的是判断一个保护电路是属于截止型还是限流型，主要看输出端 $I_L = 0$，$U_0 = 0$ 时（输入端电压不变），在电路结构上能否维持保护管处于导通状态而定。

7. 稳压电源的应用实例

稳压电源的类型繁多，不胜枚举。下面通过分析两个具体电路，综合归纳一下本节所学的内容，籍此可以达到复习、巩固的目的。

实例一：

图 7-37 所示的是某台电子设备中的稳压电路，该电路包括整流、滤波和稳压三部分，除桥式整流、电容滤波外，其稳压电路部分具有以下特点：

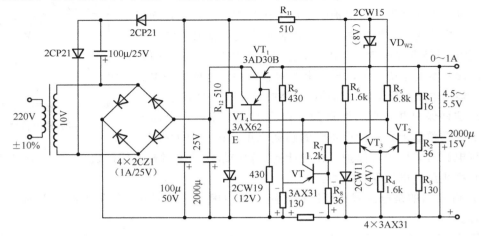

图 7-37　串联式稳压电路原理图

（1）串联型稳压电路中的调整管、放大管和过流保护三极管均使用 PNP 型锗管，输出电压的极性为负，如图 7-37 所示。

（2）因输出电流较大（0A～1A），所以调整管由两只三极管组成复合管。

（3）克服零点漂移，放大环节采用了差动放大器。

（4）放大管的集电极负载电阻 R_5 接至一个辅助电源。该辅助电源由同一个变压器副边电压经倍压整流和硅稳压管稳压以后获得。

（5）过载保护部分为三极管截流型保护电路。

另外，这台稳压电源的技术指标是：额定输出电压 5V，调节范围为 4.5V～5.5V；输出电流范围为 0A～1A；当电网电压波动±10％和负载电流由空载变到满载时，输出电压变化应不大于 1％，并要求当输出电流达到 1.2A 时保护电路动作。

实例二：

图 7-38 所示的电路是用于数字电子计算机的晶体管稳压电源。

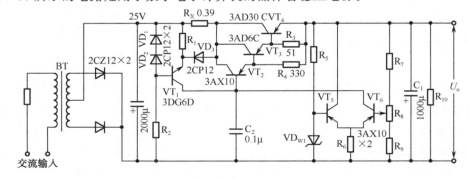

图 7-38　放大器采用恒流源负载的稳压电源

主要技术指标如下：

输出电压：5V、10V、20V；输出电流：2A；电压调整率：＜0.01％（U_i 变化±10％）；负载调整率：＜0.1％（I_L 由 0A～2A）；波纹电压＜5mV；输出电压可调范围：

±10%。表 7-2 列出三种输出电压的电路元件参数。

表 7-2 三种不同输出电压的电阻参数

代号	输出电压 (V)	R_1 (kΩ)	R_2 (kΩ)	R_3 (kΩ)	R_4 (kΩ)	R_5 (kΩ)	R_6 (kΩ)	R_7 (kΩ)	R_8 (Ω)	R_9 (Ω)	R_{10} (Ω)	W_1 (kΩ)	W_2 (Ω)
阻值	4	22	2.7	4.7	15	2.2	4.7	1.2	470	220	51	2	100
	10	33	2.7	6.8	33	2.2	4.7	3.3	510	560	100	2	200
	24	33	2.7	12	56	1.8	5.6	10	470	1500	220	2	300

该电路稳压部分与实例一比较，其不同的特点是二极管 VD_1 和 VD_2、晶体管 VT_1、电阻 R_1 和 R_2 组成恒流源。用 VT_1 代替放大管的负载电阻 R_c，相当于 R_c 很大，使放大管的放大作用充分发挥，从而获得较高的电压放大倍数。由于 VT_1 的输出特性曲线很平坦，所以放大器不必用辅助电源。另外，在放大器为恒流源负载的稳压电源中加了一个信号检测电阻 R_x 和一个二极管 VD_3 即可实现限流保护。稳压电源正常工作时，二极管 VD_3 截止，对恒流源 VT_1 的工作无影响。当过流时，R_x 上压降增大，二极管 VD_3 导通，使 VT_1 的发射极电位提高，集电极电流减小，调整管基极电流也减小，从而限制稳压电源输出电流的增加，达到保护目的。这种稳压电源的特点是线路简单、稳定度高。

7.5 集成稳压器

7.5.1 W1-1202 型稳压器组件

利用分立元件组装的稳压电源，输出功率大，可以根据需要灵活设计，适应性较广。缺点是体积大，焊点多，可靠性差，功率损耗大。为了克服这些缺点，近年来生产的集成化稳压电源已在实际中广泛应用。所谓集成化稳压电源是把主要元件（如三极管、二极管和大部分电阻）制作在一块半导体基片上，如图 7-39 是 W1-1202 型集成化稳压电源组件的电路图。

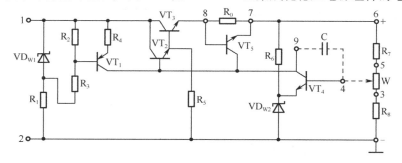

图 7-39 W1-1202 型稳压器组件

W1-1202 型稳压器组件有 9 个外接接头和 3 个外接元件，其外接元件是保护电路的检测电阻 R_0，取样分压电阻中的电位器 W 和消振电容 C，这三个元件不宜做在集成块上。

外接头的功能是：

"1"、"2" 接整流滤波后的直流电压，称为输入端，其中 "1" 接正极，"2" 接负极。

"3"、"4"、"5" 接取样环节中的电位器。

"6"、"2" 是稳压电源的输出端。

"7"、"8"接检测电阻。

"4"、"9"接消振电容C。

W1-1202型稳压电源的技术指标如下：

输出电压：9V～15V；最大输出电流：200mA；最高输入电压：25V；最小输入电压差4V；电压调整率（电网电压波动±10%）：0.2%；电流调整率（I_L 由 0mA～200mA）：0.5%；输出纹波电压：5mV。

7.5.2　三端式固定输出集成稳压器

随着集成电路工艺迅速发展，集成电路的体积小、外围元件少、性能稳定可靠、使用调整方便的优势越来越突出。作为小功率的稳压电源以三端式串联型稳压器的应用最为普遍。所谓三端式是指稳压电源电路仅有输入、输出、接地三个接线端子。图 7-40 所示是三端式固定输出集成稳压器的内部电路及外形图。

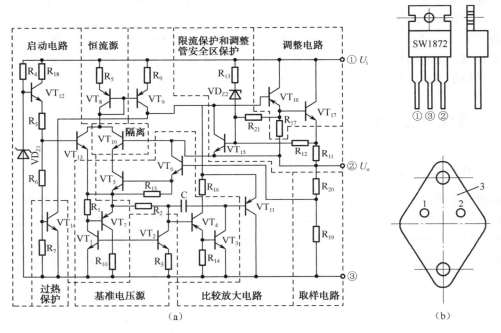

图 7-40　W7800C 系列三端式集成稳压器

图 7-41 所示是结构框图。

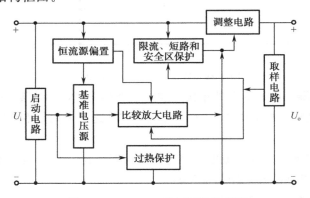

图 7-41　W7800C 稳压器结构框图

1. 工作原理

（1）基准电压：

由 $VT_1 \sim VT_7$、$R_1 \sim R_3$、R_{10}、R_{14}、R_{15} 组成，在 VT_6 的基极上可获得近于零温度系数的基准电压。其值由 $VT_3 \sim VT_6$ 的 be 极和 R_2 上的压降总和决定，经理论估算为 4.4V。

（2）比较放大电路、调整电路和取样电路：

比较放大电路由 $VT_3 \sim VT_6$、VT_9、VT_{11} 和 R_2、R_9、$R_{14} \sim R_{16}$ 组成。其中，VT_9、R_9 组成恒流源负载。比较放大电路也是基准电压的组成部分，故工作稳定性好。调整电路由 VT_{16}、VT_{17} 和 R_{17} 组成；取样电路由 R_{19}、R_{20} 组成。若某种原因使输出电压升高，通过 VT_6、VT_5 和 R_2 使 VT_4 基极电位升高，从而使 VT_{16} 调整管基极电位下降，则调整管的管压降增加，使输出电压下降并维持稳定。改变内部 R_{20} 阻值大小可改变输出电压值。

（3）启动电路：

启动电路由 VT_7、$VT_{12} \sim VT_{14}$、VD_{21} 组成，其作用如下：在加入输入电压 U_i 后，使 VT_8、VT_9 电流源建立基流通路，从而使基准电压源、比较放大电路和调整电路进入正常工作状态。此后，VT_{13} 的射极电位高于基极电位而截止，启动电路与稳压电路断开，不影响稳压性能。VT_{10} 的作用是隔离了输入电压通过 R_8、VT_8 对输出电压和基准电压的影响。

（4）保护电路：

a. 限流、短路和调整管安全工作区保护：

这部分电路由 VT_{15}、VD_{22} 和 $R_{11} \sim R_{13}$、R_{21} 组成。当输出电流过载或输出短路，负载电流使 R_{11} 上压降增加，则 VT_{15} 基流增加，或者 U_i 突然升高，VD_{22} 导通，也可使 VT_{15} 基流增加，导致对 VT_{16} 的基流分流，使输出电流减小，保证调整管功耗在安全区之内。

b. 过热保护：

这部分电路由 VT_{14} 和 VD_{21} 组成。VT_{14} 的 U_{BE14} 为负温度系数，VD_{21} 的 U_{Z1} 为正温度系数。当输出电流过大，温度升高，U_{BE14} 阈值电压变小，另外 u_{i1} 升高使 R_7 上分压增加，使 VT_{14} 导通，对 VT_{16} 基流分流，则输出电流减小，芯片温度下降。

使用时，要求输入电压 U_i 与输出电压 U_o 的压差为 2V 以上。输入电压最大值：当 $U_o=5V \sim 18V$ 时，$U_{IM}=35V$；当 $U_o=20V \sim 24V$ 时，$U_{IM}=40V$。集成稳压器静态电流 $I_D=8mA$。

2. 典型应用实例

（1）输出固定电压的稳压电路：

如图 7-42 所示直流稳压电源系统在小功率稳压电源中广泛使用。电路中 C_2 和 C_3 进行频率补偿，以防止自激振荡。实际应用中根据所需输出固定电压值确定稳压器型号，如需 15V 的稳压电源，则选用 W7815 型号器件。

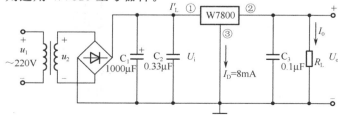

图 7-42 固定输出的稳压电路

（2）具有短路保护环节的扩大输出电流的稳压电路：

三端式集成稳压器的最大输出电流为 1.5A。如需要进一步扩大输出电流，可采用图 7-43 所示电路。其中 R_S、VT_2 为短路保护环节。

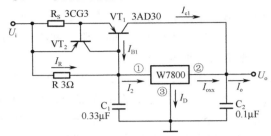

图 7-43　扩大输出电流的稳压电路

（3）正、负对称输出两组电源的稳压电路：

用 W7800 和 W7900 的三端集成稳压器可组成正、负对称输出两组电源的稳压电路如图 7-44 所示。图中 VD_5、VD_6 用于保护稳压器。

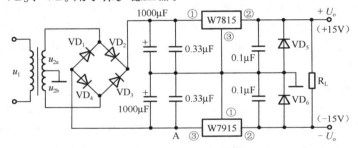

图 7-44　正、负对称输出两组电源的稳压电路

7.5.3　三端式可调集成稳压器

1. 概述

三端式可调集成稳压器是指输出电压可调节的稳压器。如正电压稳压器有 W117 系列（有 W117、W217、W317），其特点是电压调整率和负载调整率指标均优于固定式集成稳压器，且同样具有过热、限流和安全工作区保护。其内部电路与固定式 7800 系列相似，所不同的三个端子为输入端、输出端及调整端，如图 7-45 所示。

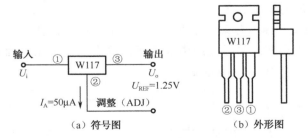

（a）符号图　　　　　　　（b）外形图

图 7-45　可调式集成稳压器

外形和管脚排列如图（b）所示。在输出端与调整端之间为 $U_{REF}=1.25V$ 的基准电压，从调整端流出电流 $I_A=50\mu A$。

2. 基本应用电路

常用基本稳压电路如图 7-46 所示。为保证稳压器在空载时也能正常工作，要求 R_1 取 $120\Omega\sim240\Omega$。由图可知：输出电压为：

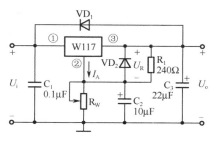

图 7-46　可调式三端集成稳压器基本应用电路

$$U_o = 1.25\left(1 + \frac{R_W}{R_1}\right) + 50\mu A \cdot R_W$$

调节 R_W 可改变输出电压大小。

电路中的电容 C_2 用来提高纹波抑制比，可达 80dB。C_3 用来抑制容性负载（500pF～5000pF）时的阻尼振荡，C_1 用来消除输入长线引起的自激振荡。当输出端外接大电容短路时，会产生火花使稳压器损坏，用 VD_1 进行保护；VD_2 短路放电时起保护作用。

 本章小结

电子设备通常由直流电源供电。获得直流电源有多种方式，其中最经济、最常用的是将交流电网电压转换为直流电压。为此，就要通过整流、滤波、稳压等环节来实现。高质量的直流电源的输出电压应该基本不受电网波动、负载变化和温度高低等因素的影响；脉动和噪声的成分较小；而且要求交流转换成直流的效率较高。

（1）利用二极管的单向导电性可以组成各种整流电路。单相半波整流电路具有结构简单、元件少的优点，但脉动较大，输出电压较低，只用于小电流的场合。单相全波整流电路输出电压较高，脉动比半波电路为小，但变压器要有中心抽头的绕组，其利用率不高。单相桥式整流电路的输出电压和脉动情况与全波电路相同，而且变压器不要带中心抽头的绕组，其利用率较高，但要用四只二极管。各种整流电路分别适用于不同的场合。使用整流元件主要应注意额定工作电流和最高反向工作电压这两项参数。

（2）滤波是利用电容两端电压不能突变或电感中电流不能突变的特性来实现的。最简单的形式是将电容和负载并联或者将电感和负载串联。前者适用于小负载电流，后者适用于大负载电流。将二者结合起来组成 Γ 型、Π 型等滤波能使脉动成分降得更低。在负载电流不大的情况下还可以利用阻容滤波的形式。各种滤波的性能比较参见表 7-1。使用电解电容器作滤波电容时，主要应注意电容量、极性和耐压这几项参数。

（3）倍压整流电路有二倍压、三倍压和多倍压整流电路。它是属于电容输入式的整流滤波电路，负载能力很差，适用于高电压小电流的场合。

（4）经过滤波后的直流电压仍然受电网波动和负载变化的影响，因此要有稳压的措施。利用硅稳压管的稳压电路简单，它属于并联型稳压电路，但稳压值不能任意调节而且稳压性能不好。利用硅稳压管作为基准电压并引入放大和电压负反馈的晶体管串联型稳压电源，可使输出电压稳定并可以根据需要加以调节，稳压性能好。

（5）为了提高串联型稳压电源的质量指标，需采取一些措施。例如：采用复合管作为调整管增大电路的电压放大倍数；采用差动放大电路作为比较放大器来减小输出电压的零点漂移，提高其温度稳定性；接入辅助电源、用恒流源负载等提高稳压精度；用加设辅助电源扩大输出电压调节范围等，从而制成高质量的直流稳压电源。为了防止负载电流过大或输出短路造成元器件损坏，高质量的直流稳压电源还通过检测环节来控制调整管的电流，使它受到限制甚至截止。

（6）随着集成电路的发展，现已生产出多种集成化的稳压器组件，使用时更为方便可靠。目前，在一定额定负载范围内（≤1.5A），集成稳压器大有取代分立元件稳压器的趋势。

？习题 7

7-1　直流电源通常由哪几部分组成？各部分的作用是什么？

7-2　分别列出单相半波、全波和桥式整流电路以下几项参数的表达式，并进行比较：

（1）输出直流电压 $\bar{v}_o$；

（2）脉动系数 S；

（3）二极管正向平均电流 $\bar{i}_D$；

（4）二极管最大反向峰值电压 U_{RM}。

7-3　大致画出各种滤波电路的外特性，并说明哪些滤波电路外特性比较好，哪些比较差；它们各适用于何种负载。

7-4　硅稳压管稳压电路中，稳压管与负载电阻应该串联还是并联？限流电阻 R 起什么作用？

7-5　串联型直流稳压电路包括哪几个组成部分？它实质上依靠什么原理来稳压？

7-6　串联型稳压电路为什么要采用复合管作为调整管？

7-7　串联型直流稳压电路中为什么常采用辅助电源？为什么要采用差动式放大电路？

7-8　过流保护电路主要有哪两种类型？它们的工作原理是什么？有什么相同点和不同点？

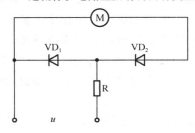

图 7-习-1　万用表中测交流电压的整流电路

7-9　在计算桥式整流电路的每个二极管的平均电流 $\bar{i}_D$ 和最大反向电压 U_{RM} 时，有人认为，既然它是由四个二极管组成，则 $\bar{i}_D$ 应等于 $\frac{1}{4}\bar{i}_D$；既然电流通过两个二极管串联，则 U_{RM} 应等于 $\frac{1}{2}\sqrt{2}U_L$，这种看法是否正确？应该如何分析？

7-10　图 7-习-1 是一个万用表中测交流电压的整流电压的整流电路。试标出使表针能正向偏转的电表正负端，并计算当被测正弦交流电压为 250V（有效值）时，要使电表满偏（所需电流是直流 100μA），R 应为多大（忽略电表和二极管的内阻）？为什么万用表中采用这种形式的整流电路？它与本章前面介绍的几种整流电路比较有何特点？

第8章
调制、解调与变频

调制、解调与变频是无线电广播中必然要遇到的问题。本章将介绍无线电广播和接收的基本过程，讨论调制、解调与变频的工作原理，并结合收音机电路介绍检波鉴频与变频的常用电路。

8.1 调制与解调的基本概念

8.1.1 载波的调制与解调

1. 载波

无线电广播是利用空中传播的电磁波来传递语言和音乐的。由于低频电磁波的辐射需要足够长的天线，而且能量损失大，所以，低频信号不能直接由天线发射。只有波长足够短，即频率足够高的电磁波，才能有足够的能量由天线辐射出去。因此，无线电广播要用高频电磁波载上低频信号传播到空间去。在无线电广播中，通过高频振荡电路产生的高频、等幅电磁波叫做载波。载波是运输工具，起运载低频信号的作用。

2. 调制

用低频信号控制高频载波的过程叫做调制，低频信号叫调制信号。如果载波的幅度被低频信号控制，这种调制叫调幅；如果载波的的频率被低频调制信号所控制，这种调制叫调频；如果载波的初相角被低频调制信号所控制，这种调制叫做调相；如图 8-1 所示。经过调制后的电磁波叫已调波，它可以通过天线向空间辐射出去。不同的广播电台采用不同频率的载波，彼此互不干扰。例如：北京人民广播电台第一套节目载波频率是 828kHz，第二套节目载波频率是 927kHz，由于载波频率不同，同时广播，互不干扰。

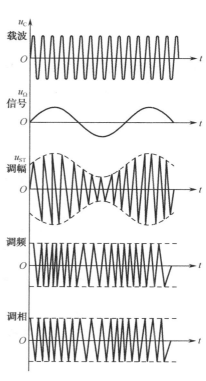

图 8-1 载波、信号波、调幅、调频和调相

3．解调

接收到的已调波是不能直接被还原成它所运载的声音或音乐的，必须将低频调制信号与高频载波分离开。这种从已调波中将低频信号还原出来的过程叫解调。解调又有检波、鉴频和鉴相之分，在后面的课程中将详细介绍检波和鉴频。鉴相多属于数字通信系统，本章不做介绍。

8.1.2　无线电广播的基本原理

无线电广播主要由话筒、高频振荡器、调制器、放大器的发射天线组成，其方框图与各部分波形图如图 8-2 所示。

语言或音乐的声波使话筒内的弹簧片产生机械振动，通过电磁感应的作用将机械振动转换为相应的音频电流或电压，经音频放大器放大后调制由高频振荡器产生的高频载波，高频调幅波经高频功率放大器放大后由天线发射出去。

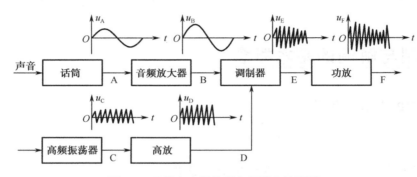

图 8-2　无线电广播发射方框图和波形图

8.1.3　无线电广播的接收原理

1．最简单接收机的组成

无线电广播接收机的种类繁多，最简单接收机至少由输入调谐回路、解调器、音频放大器、扬声器等四部分组成，其方框图与各部分波形图如图 8-3 所示。

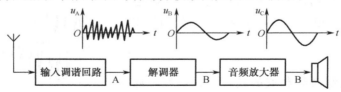

图 8-3　最简单接收机方框图与各部分波形图

2．最简单接收机各部分的作用

（1）输入调谐回路：

输入调谐回路的作用是选择所要收听的电台。接收机的天线接收到许多不同频率的已调波，由于电磁感应的作用，使之转变成为相应频率的感应电动势。输入回路是个谐振电路，利用改变电容器的电容量（或改变电感线圈的电感量）改变输入回路的固有频率，使它同所要收听的某个电台信号发生谐振，将不需要的信号抑制掉，这样就达到了选择电台的作用。

（2）解调器：

解调器的作用是从已调波信号中还原出音频信号。输入回路选择出来的已调信号不能直接由耳机或扬声器还原成声音，必须先将已调波上所载着的音频信号还原出来，才能由耳机或扬声器还原声音，这种从已调波中检出音频信号的过程叫解调或检波。

（3）音频放大器：

音频放大器的作用是放大检波出来的音频信号。解调器解调出的音频信号只能由耳机还原成微弱的声音，效果不好，并且收听不到信号较弱的电台节目。因此，音频放大器将音频信号放大后，再由耳机或扬声器还原成声音。

（4）扬声器：

扬声器的作用是将按音频信号变化的电流或电压变为相应的机械振动，转化为声音。为提高接收机的质量，实际接收机比以上所讲述的最简单接收机要复杂得多，但基本原理并无差别。

8.2　检波

检波是调制的逆过程。检波的作用是从已调制的高频（中频）调幅信号中将低频（音频）调制信号解调出来。

对检波器的工作有着严格的要求，要求其效率高、失真小、工作的稳定性和滤波性能好，对其他电路不能有任何的干扰。

8.2.1　检波方式

对调幅波进行检波的电路叫做检波器。根据输入检波器的调幅波电压幅度的大小，检波又可分为平方律检波和线性检波两种方式。

1. 平方律检波

当输入的调幅波电压的幅值较小，半导体二极管工作在特性曲线的弯曲部分时，这种检波方式叫做平方律检波。平方律检波的灵敏度较高，可以检取微弱信号。平方律检波过程中产生较大的波形失真，因此应用得较少。

2. 线性检波

当输入的调幅波的电压的幅值较大，半导体二极管工作在特性曲线的线性部分时，检波器输出的电压与输入的调幅波电压的幅值成正比，被称为线性检波。线性检波的灵敏度相对降低，但波形失真小。超外差式收音机一般采用线性检波。

8.2.2　检波器的工作原理

超外差收音机中采用半导体二极管线性检波电路，其工作原理如下：

检波器由中频信号输入电路、非线性元件、负载三部分组成，如图 8-4 所示。

检波器的中频信号输入电路即中频变压器的次级，它把调幅中频信号送到检波器的输入端，非线性元件起着频谱变换的作用。一般以二极管或三极管作非线性元件，利用其输入特性曲线的非线性部分，把调幅中频信号变成去掉载波，保持其包络不变的低频信号。

检波后的电流含低频成份、中频成份和直流成份，如图 8-5 所示。直流分量是理想的 AGC 电路控制源，通过电阻加到被控晶体管基级。检波器的负载一般由电阻、电容并联电路组成。电容使中频信号旁路，起中频滤波作用。电阻使低频信号产生压降，送往下一级低频放大电路。

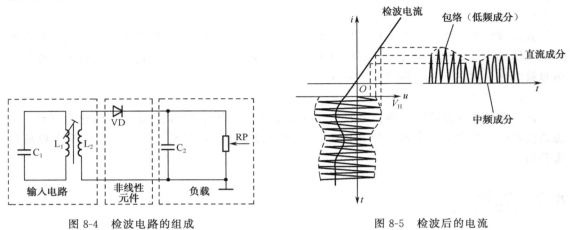

图 8-4　检波电路的组成　　　　　　　　　　图 8-5　检波后的电流

8.2.3　典型电路应用

典型的超外差收音机的检波和自动增益控制电路，如图 8-6 所示。

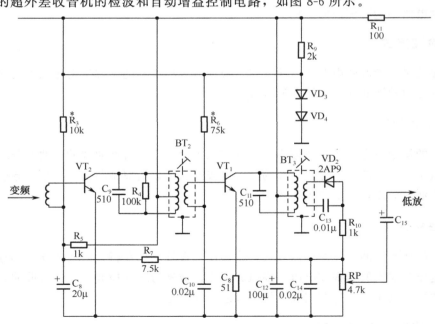

图 8-6　收音机检波、自动增益电路

检波级采用典型的二极管幅度检波电路。中频变压器 BT₃ 的次级将中频信号送到二极管 VD₂ 检出后的低频信号，在 R_{10} 和电位器 RP 上产生压降，从电位器中心抽头取出低频信号经电容 C_{15} 送到低频放大级。调节电位器 RP 的位置可以改变低频放大级的输入电压的大小，从而改变收音机的音量。

C_{13}、C_{14} 和 R_{10} 组成 Π 型滤波电路，滤掉剩余的中频成分。R_7 是自动增益控制电阻，由检波器检出的直流成分随外来信号的强弱变化，经过 R_7 注入到第一级中放 VT_2 的基极，这个电流是自动增益控制电流，它与 VT_2 静态时基极电流方向相反，是负反馈，使静态工作点降低，增益减小。电台信号越强，检波后的直流成分越大，负反馈作用越强，VT_2 的增益越小；反之，增益相对升高。电阻 R_7 就这样起到了自动增益控制作用。

8.3　变频电路

8.3.1　变频电路的作用和要求

1. 变频级的作用

变频电路是超外差式收音机的关键部分，它把输入回路送来的广播电台的高频载波信号变成 465kHz 的中频载波信号。集电极负载是中频变压器（调谐回路），由它选出中频信号送到中频放大级。

2. 对变频级的基本要求

（1）在变频过程中，原有的低频信号成份（信号的包络）不能有任何畸变，并且要有一定的变频增益。

（2）噪声系数要非常小，否则由于变频电路处在整机的最前级，微弱的噪声经逐级放大后会变得很大。电路之间的相互干扰和影响要小。

（3）工作要稳定，不能产生啸叫、停振、频率偏移等不稳定现象。

（4）本机振荡频率要始终保持比输入回路选择出的广播电台的高频信号频率高 465kHz。

8.3.2　变频原理

1. 变频电路的基本组成

变频电路由本机振荡器、混频器和选频回路（中频谐振回路）三部分组成。其方框图与各部分波形图如图8-7所示。用一只晶体管完成本机振荡的混频的电路叫做混频器。用两只晶体管分别完成本机振荡和混频的电路叫做变频器。两者的工作原理是相同的。

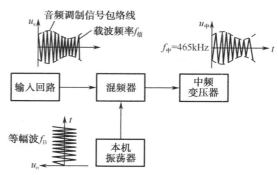

图 8-7　变频电路方框图及各部分波形图

2. 变频原理

把本机振荡产生的高频等幅振荡信号 f_1，输入回路选择出来的广播电台的高频已调波信号 f_2，同时加到非线性元件的输入端。由于元件的非线性作用（晶体管的非线性作用），在输出端除了输出原来输入的频率 f_1、f_2 的信号外，还将按照一定规律，输出频率为 f_1＋f_1、f_1－f_2、……等多种信号。在设计电路时，使本机振荡的频率比外来高频信号的频率始终高出 465kHz。在输出端（集电极所接负载）采用调谐回路，并使回路的谐振频率为

465kHz，然后将选出的 465kHz 的中频信号送到中频放大器去放大。

特别值得注意的是，不同广播电台的高频载波的频率是不同的，这就要求本机振荡的频率也随之变化，并且，要使本机振荡的频率始终保持比输入回路选择的高频信号频率高 465kHz，这就是平常所说的"跟踪"。超外差收音机采用双连电容就是为了达到这个目的。

8.3.3 本机振荡

本机振荡电路一般可分为：共基调发式振荡电路、共发调集式振荡电路、共发调基式振荡电路。

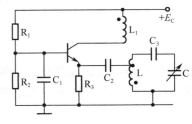

图 8-8 共基调发式振荡电路

1. 共基调发式振荡电路

共基调发式振荡电路如图 8-8 所示。它为变压器耦合振荡器，R_1、R_2 和 R_3 组成分压式电流负反馈偏置电路。C_1 和 C_2 提供高频通路，并起隔直作用。R_3 为发射极电阻。L 和 C_3、C 组成谐振回路。L_1 是晶体管集电极交流负载。从线圈 L 上取得反馈电压满足振荡条件。

2. 共发调集式振荡电路

共发调集式振荡电路如图 8-9 所示。L_1 和 C_3 组成振荡回路，R_1、R_2 和 R_3 共同组成电流负反馈偏置电路，C_1 和 C_2 一方面提供高频交流通路，另一方面起隔直作用。C_3 是可变电容，调节 C_3 可改变振荡频率。振荡电压通过 L_1 与 L_2 的耦合作用反馈到基极。要特别注意 L_1 与 L_2 的绕向和接法，保证反馈电压与集电极电压之间的相位差为 180°，即必须满足振荡的相位条件。调节 L_1 和 L_2 的匝数及相对位置可以满足反馈电压的振幅条件。

3. 共发调基式振荡电路

共发调基式振荡电路如图 8-10 所示。由 L_1 和 C_3 组成的振荡调谐回路串在基极电路中，发射极接地。反馈电压从线圈 L_1 的 1、2 两点之间取得以减小晶体管输入电阻对谐振回路的影响，提高回路的品质因数 Q。

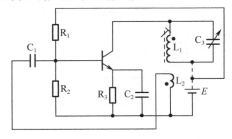

图 8-9 共发调集式振荡电路

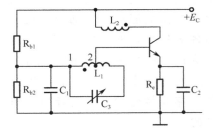

图 8-10 共发调基式振荡电路

8.3.4 混频

根据本机振荡注入的方式，将混频器分为：发射极注入式、基极注入式和集电极注入式，如图 8-11 所示。

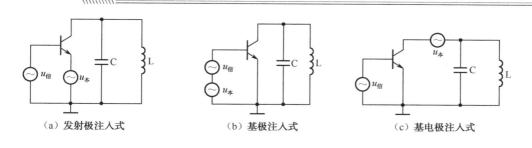

（a）发射极注入式 （b）基极注入式 （c）基电极注入式

图 8-11 混频器

利用晶体管的非线性作用可以达到混频的目的。接在集电极电路中的调谐回路，将混频后的中频信号选出。如果本机振荡信号由发射极注入，振荡电路与所要接收信号电路牵连少，互不干扰，工作稳定，因此，超外差式收音机广泛使用发射极注入式混频电路。基极注入式要求本机振荡信号电压较小，但是，造成本机振荡电路与信号电路互相影响。集电极注入式要求本机振荡信号电压大，一般很少采用。

8.3.5 典型电路分析

TTA（B）型七管超外差式收音机的变频器采用典型的发射极注入式变频电路，如图 8-12 所示。本机振荡和混频合用一只晶体管 VT_1，振荡信号由发射极注入混频管。

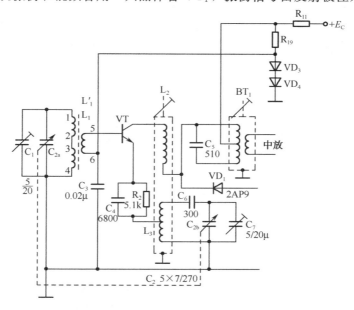

图 8-12 收音机变频电路

输入调谐回路选择出的高频信号，通过耦合线圈 L'_1 送到晶体管 VT_1 的基极。由本振调谐线圈 L_3 与电容器 C_6、C_7 和 C_{2b} 组成本机振荡的谐振回路，C_{2a} 与 C_{2b} 是同轴双连以保证本机振荡频率始终比输入回路谐振频率高 465kHz。高频振荡信号通过电容 C_3 与 C_4 加到晶体管 VT_1 的发射极与基极之间。经混频后的多种频率的信号由集电极输出，集电极负载是固有频率为 465kHz 的谐振回路（中频变压器 BT_1），从中选出频率为 465kHz 的中频信号。通过 BT_1 的次级线圈，耦合到下一级中放电路。

二极管 VD_3、VD_4 起稳压作用，为晶体管 VT_1 提供稳定的偏置电压，并使其不受电源变化的影响。R_2 是发射极电阻，一方面起直流负反馈、稳定 VT_1 工作点的作用；另一方面，它又是振荡回路的负载电阻。C_3 为高频旁路电容，将振荡信号注入发射极。C_6 叫垫整电容，它的作用是保证本机振荡的频率变化范围，即保证振荡频率与输入信号频率同步。C_1 和 C_7 是补偿电容，是双连电容的补充，其作用是保证跟踪调谐。

晶体管 VT_1 的工作点的选择非常重要。混频要求晶体管工作在非线性部分，工作电流不能太大，否则，晶体管将工作在线性部分，变频增益将大大减小。本机振荡则要求工作电流大一些，这样容易起振，增益高，便于调整。但是，这将使得噪声和波形失真增加，容易产生自激。兼顾两方面因素，一般将变频的工作电流选在 0.2mA～0.6mA 范围内。

8.3.6 超外差收音机

超外差收音机把接收到的电台信号与本机振荡信号同时送到变频管进行混频，并始终保持本机振荡频率比外来信号频率高 465kHz，通过选频电路，取两个信号的"差频"进行中频放大。这种电路叫做超外差电路，采用超外差式电路的收音机叫做超外差收音机。

1. 超外差式收音机的基本组成

超外式收音机由输入回路、变频级、中频放大级、检波级、AGC 电路、低频放大级、功率放大级和扬声器组成。其方框图与各部分波形图如图 8-13 所示。

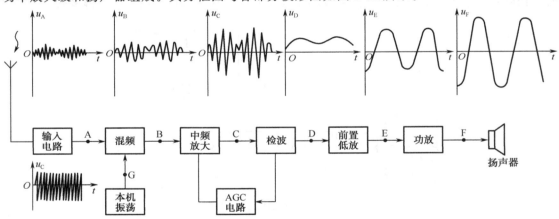

图 8-13 超外差收音机方框图和波形图

2. 超外差式收音机工作过程

输入回路从天线接收到的许多广播电台发射出的高频调幅波信号中，选择出所需要接收的电台信号，将它送到混频管。收音机中的本机振荡电路产生高频等幅振荡信号（其频率始终保持比外来信号高 465kHz），也被送到混频管。利用晶体管的非线性作用，这两种信号经混频后，输出多种不同频率的信号。其频率有：两种信号原有频率、这两种信号的"和频"、"差频"……等。其中差频为 465kHz，由选频回路选出 465kHz 的中频信号，将其送到中频放大器放大，经放大后的中频信号再送到检波器检波，还原成音频信号；音频信号再经前置低频放大和功率放大送到扬声器，由扬声器还原成声音。

8.4　鉴频器

　　鉴频器也叫频率检波器或调频检波器。鉴频是解调的一种，是调频的逆过程。它的作用是从调频信号波中解调出音频信号。调频立体声广播是从中解调出立体声复合信号。

8.4.1　频偏

　　频偏是调频广播中的一个重要概念。某一时刻调频波的频率 f 与调制前高频载波的频率 f_c 之差，叫做该时刻的频偏，用 Δf 表示，即：

$$\Delta f = f - f_c$$

　　在调频过程中，频偏随音频信号强弱变化，音频信号强，频偏大；音频信号弱，频偏小，即：频偏与调制信号的振幅成正比，而与调制信号的频率无关。如图 8-14（d）所示。为保证高保真广播所需要的带宽和有效地利用有限的频道间隔，国际上规定高频广播所允许的最大频偏为 $\pm 75\mathrm{kHz}$。

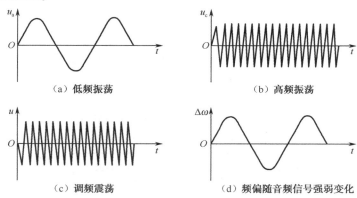

（a）低频振荡　　　　（b）高频振荡

（c）调频震荡　　　　（d）频偏随音频信号强弱变化

图 8-14　调频波

8.4.2　对鉴频器的基本要求

1. 鉴频效率要高

　　在同样的调频波输入时，解调出的音频信号幅值越大，效率越高，同时要保证信噪比高，灵敏度高。鉴频特性曲线（S 曲线）如图 8-15 所示。横轴表示载波的频偏，纵轴表示解调后音频信号的幅值。鉴频曲线的中间直线部分为有用部分，频偏相同时直线部分的斜率越大，输出的音频信号越强，鉴频效率越高。

2. 通频带要足够宽

　　鉴频器的通频带是鉴频特性曲线中间直线部分所对应的频率范围。为确保温度或调谐误差等原因引起的中频偏移，不致在鉴频器中引起失调，鉴频器的通频带约为中放通频带的 1.5 倍，Δf 不小于 150kHz，如图 8-16 所示。由于带宽与灵敏度是互相矛盾的，一般立体声收音机只要 300kHz 的带宽就足够了。如果通频带过宽，中放增益又不充分，会使鉴频器的灵敏度下降。

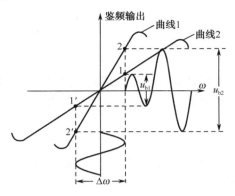

图 8-15　鉴频特性曲线

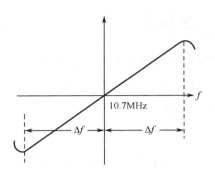

图 8-16　鉴频曲线与通频带关系

3. 失真要小

鉴频特性曲线的线性越好，解调后的波形失真越小，才能使原来的调制信号不失真地重现出来。

4. 稳定性好

鉴频特性曲线的中心频率不随温度、信号电压大小与时间等外界因素的变化而产生漂移。

8.4.3　鉴频电路

鉴频器的工作过程可分为两步，先通过线性电路将调频波转变成幅度与调频信号频率成正比的调频调幅波，然后由振幅检波器从调频调幅波中检出原调制信号，其方框图如图 8-17 所示。

图 8-17　鉴频器工作的方框图

1. 相移鉴频器

(1) 相移鉴频器的电路如图 8-18 所示。线性变化电路由 L_1、C_1；L_2、C_2 两个调谐回路组成。

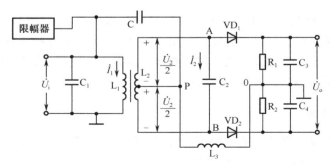

图 8-18　相移鉴频器

它们谐振于调频信号的载波频率，即 $f_1 = f_2 = f_c$，并在线圈 L_2 的对称点上设有中心抽头。C 是耦合电容，线性变换电路是双调谐双耦合电路。因此，相移鉴频器又叫做双耦合回路鉴频器。幅度检波部分是由特性相同的两只二极管 VD_1、VD_2 及其负载 R_1、R_2、C_3、C_4 组成，并且 $R_1 = R_2$、$C_3 = C_4$。

（2）工作原理：

调谐回路 L_1、C_1 两端的调频信号电压为 $\dot{U}_1$，$\dot{U}_1$ 同时加在了由电容 C 和高频扼流圈 L_3 组成的支路两端。由于 C、C_3、C_4 对高频容抗很小，L_3 对调频信号载波（10.7MHz）的感抗很大，因此 L_3 两端电压近似等于 $\dot{U}_1$，这样 $\dot{U}_1$ 加到了二极管 VD_1、VD_2 上。初级回路 L_1C_1 与次级回路 L_2C_2 之间存在互感，$\dot{U}_1$ 通过互感在 L_2 两端产生电压 $\dot{U}_2$，次级回路中心抽头使 L_2 上、下半段压降分别为 $\dfrac{\dot{U}_2}{2}$，也被分别加到了二极管 VD_1、VD_2 上。因此，二极管 VD_1、VD_2 两端的电压分别为：

$$\dot{U}_{VD_1} = \dot{U}_{AO} = \dot{U}_{AP} + \dot{U}_{P0} = \frac{\dot{U}_2}{2} + \dot{U}_1$$

$$\dot{U}_{VD_2} = \dot{U}_{BO} = \dot{U}_{BP} + \dot{U}_{P0} = -\frac{\dot{U}_2}{2} + \dot{U}_1$$

即 $\dot{U}_{VD_1}$ 与 $\dot{U}_{VD_2}$ 为两个相量 $\dot{U}_1$ 与 $\dfrac{\dot{U}_2}{2}$ 的和与差。当两个相量间的夹角（相位差）发生变化时，它们的和与差的幅值也随之变化，调频信号电压 $\dot{U}_1$ 被变换成振幅按调频波频率变化的调频、调幅波 $\dot{U}_{VD_1}$ 和 $\dot{U}_{VD_2}$。

当 $f = f_c$ 时，次级回路呈电阻性。由于 $\dot{U}_1$ 与 $\dot{I}_2$ 同相，电流 $\dot{I}_2$ 在 C_2 上的压降 $\dot{U}_2$ 滞后 $\dot{I}_2\,90°$，因此使 $\dot{U}_1$ 与 $\dot{U}_2$ 之间的相位差为 $90°$。应用相量图法求出 $\dot{U}_{VD_1}$、$\dot{U}_{VD_2}$，如图 8-19（a）所示。从图中可以看出，$\dot{U}_{VD_1}$ 与 $\dot{U}_{VD_2}$ 的大小相等。

当 $f > f_c$ 时，次级回路失谐，电路呈电感性，使得 $\dot{I}_2$ 与 $\dot{U}_1$ 不同相，结果 $\dot{U}_1$ 与 $\dot{U}_2$ 之间的相位差小于 $90°$。应用相量图法求出 $\dot{U}_{VD_1}$ 与 $\dot{U}_{VD_2}$，如图（b）所示。从图中可以看出，$\dot{U}_{VD_1}$ 的幅度增大了，而 $\dot{U}_{VD_2}$ 的幅度减小了。在谐振频率 f_c 附近，$\dot{U}_{VD_1}$ 与 $\dot{U}_{VD_2}$ 的幅度之差随着频率的升高而加大。

当 $f < f_c$ 时，次级回路失谐，电路呈电容性，使得 $\dot{U}_1$ 与 $\dot{U}_2$ 之间的相位差大于 $90°$。求出 $\dot{U}_{VD_1}$ 与 $\dot{U}_{VD_2}$，如图（c）所示。同图（a）$f = f_c$ 时比较，$\dot{U}_{VD_1}$ 减小，$\dot{U}_{VD_2}$ 增大。在 f_c 附近，$\dot{U}_{VD_1}$ 随频率的降低而减小；$\dot{U}_{VD_2}$ 随频率的降低而增大。

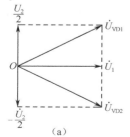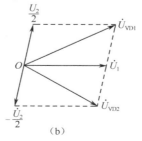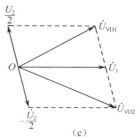

图 8-19　$\dot{U}_{VD_1}$、$\dot{U}_{VD_2}$ 幅值随频率变化情况

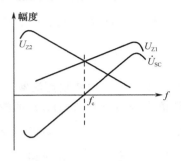

图 8-20　$U_{\mathrm{VD_1}}$、$U_{\mathrm{VD_2}}$
随频率变化曲线

$\dot{U}_{\mathrm{VD_1}}$、$\dot{U}_{\mathrm{VD_2}}$ 所对应的幅度分别为 U_{Z1}、U_{Z2}，随频率变化的情况如图 8-20 所示。输入的正弦调频信号 $\dot{U}_1$ 的幅度是不变的，频率是变化的。由图中可以看出 $\dot{U}_{\mathrm{VD_2}}$ 的幅度随频率的增加而减小；$\dot{U}_{\mathrm{VD_1}}$ 的幅度随频率增加而升高。线性变换电路把频率变化的调频信号，变为幅度变化的调频信号了。

二极管 VD_1、VD_2 电容 C_3、C_4 和电阻 R_1、R_2 组成两个对称的幅度检波器，对输入的调频、调幅波 $\dot{U}_{\mathrm{VD_1}}$、$\dot{U}_{\mathrm{VD_2}}$ 进行幅度检波。

（3）相移鉴频器的特点：

相移鉴频器本身没有限幅能力，前面必须接专门的限幅器，用来抑制寄生调幅。它的输出阻抗较高，为 $30\mathrm{k\Omega}$ 左右，后面必须接高阻抗负载，否则输出减小，影响效率。相移鉴频器有许多优点，如线性范围宽，曲线斜率大，因此，它的灵敏度高，失真小，通频带宽。

2. 比例鉴频器

（1）比例鉴频器电路的组成：

比例鉴频器的电路如图 8-21 所示。它与相移鉴频器的区别是二极管 VD_2 的极性调转了，并在 R_1、R_2 的两端并联了一个容量足够大的电容 C_5（C_5 一般为几 μF～几十 μF），输出电压自图中 P、O 两点取出。

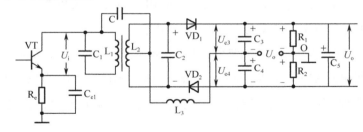

图 8-21　比例鉴频器

（2）工作原理：

VD_2 极性倒转，使 R_1、R_2 两端电压为 U_{C3}、U_{C4} 之和，即

$$U_{C5} = U_{C3} + U_{C4}$$

由于 C_5 的容量足够大，电路放电时间常数很大，可认为 U_{C5} 在工作中保持不变。由于 $R_1 = R_2$、$C_3 = C_4$，R_1 与 R_2 两端电压均为 $\frac{1}{2}U_{C5}$，因此，输出电压 U_o 为：

$$U_o = U_{C3} - \frac{1}{2}U_{C5} = -U_{C4} + \frac{1}{2}U_{C5}$$

由 $U_o = \frac{1}{2}U_{C5} - U_{C4} = \frac{1}{2}U_{C5}\left(1 - \frac{2}{U_{C5}/U_{C4}}\right)$

将 $U_{C5} = U_{C3} + U_{C4}$ 代入括号内

$$U_o = \frac{1}{2}U_{C5}\left(1 - \frac{2U_{C4}}{U_{C4} + U_{C3}}\right) = \frac{1}{2}U_{C5}\left(1 - \frac{2}{1 + U_{C3}/U_{C4}}\right)$$

U_{C5} 在工作中保持不变，输出电压 U_o 的大小决定于比例 U_{C3}/U_{C4}，当调频信号的瞬时频率发生变化时，U_{C3}、U_{C4} 随之变化（即：一个增大，一个减小），U_{C3}/U_{C4}、U_o 也随之变化。这样就把调频信号频率的变化变成了幅度变化的调幅信号。

（3）比例鉴频器的特点：

比例鉴频器有一定限幅作用，不必单设限幅器，普通调频收音机多采用比例鉴频器。比例鉴频器输出电压仅决定于 U_{C3} 与 U_{C4} 的比值，这是它一重要特点，也是其名称来源。比例鉴频器的缺点是灵敏度比相移鉴频器低，输出信号为相移鉴频器一半。

 ## 本章小结

（1）在无线电广播中，我们把被传送的低频信号叫做调制信号，把运载低频信号的高频信号叫做载波。

（2）使载波信号的某项参数随调制信号的变化而变化，从而将调制信号"装载"到载波上去的过程称为调制。在无线电广播中，一般常采用"调幅"或"调频"两种调制方式。

（3）使载波的幅度随调制信号幅度的变化而变化，从而将调制信号"装载"到载波上去的过程称为调幅。这种"装载"着调制信号的载波称为调幅波。

（4）使载波的频率随调制信号幅度的变化而变化，从而将调制信号"装载"到载波上去的过程称为调频。这种"装载"着调制信号的载波称为调频波。

（5）把低频信号从高频已调波中分离出来的过程称为解调。

（6）从高频调幅波中解调出调制信号的过程称为检波。检出的低频信号的频率和波形都与高频调幅波的包络线一致。

（7）从高频调频波中解调出调制信号的过程称为鉴频。

（8）变频是将输入回路选择出的高频信号的载频进行频率变换，变为统一的、频率较低的中频信号而其包络线并不发生任何变化。

习题 8

8-1 什么叫载波？在无线电广播中它起什么作用？

8-2 什么叫调制？它有几种方式？

8-3 画出无线电广播与最简单接收机的方框图，并说明各部分的作用。

8-4 在二极管检波电路中，如果将二极管反接，是否能起到检波作用？

8-5 检波的方式有哪两种？它是由什么因素决定的？各利用了二极管的什么性质？8-各有什么优、缺点？

8-6 什么是变频器？它由哪几部分组成，各部分的作用是什么？

8-7 什么叫鉴频？你知道的鉴频器有哪几种，各叫什么名称？

8-8 什么叫频偏？频偏的大小与调制信号的强弱有什么关系？

实验 1　晶体管单级共发分压式放大电路的调测

1. 实验目的

（1）初步掌握检查、调整、测量电路静态工作点的方法。

（2）定性了解静态工作点对放大器输出波形的影响。

2. 实验电路

晶体三极管单级共发分压式放大电路图，如图实-1所示。

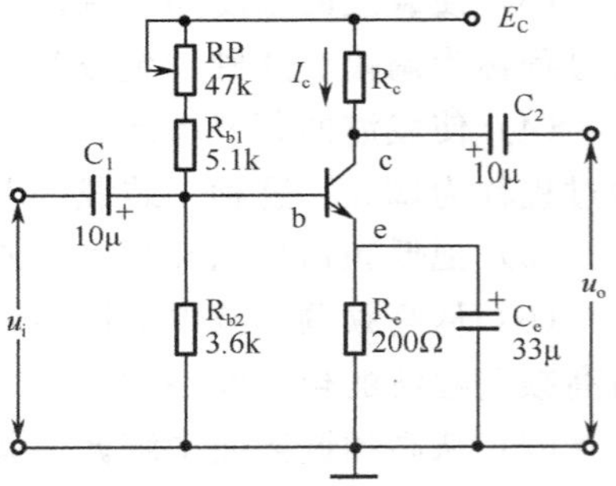

图实-1

3. 实验步骤

（1）按图实-1所示，将电路连接好，检查无误后可通电实验。

（2）将集电极与集电极电阻断开，在其间串入万用表（直流电流档）或电流表，流过电流表的电流即集电极电流。调节偏置电阻 RP，使 $I_C = 2\text{mA}$，测出此时的 U_{BE}、U_C、U_E、U_{CE} 的静态值，将结果填入表实-1-1中。

表实-1-1

项目 次数	I_C（mA）	U_B（V）	U_C（V）	U_E（V）	U_{BE}（V）	U_{CE}（V）
1						
2						
3						

注：若用高内阻电压表测量，可直接测出 U_{BE}、U_{CE}，不必测 U_B、U_C、U_E。

若电压表内阻不够高，测出 U_{BE} 有误差（$\because U_{BE}$ 较小，有分流），可测 U_B、U_E，然后经计算求出 $U_{BE} = U_B - U_E$。

（3）RP 的变化会引起静态工作点的变化，也会引起输出波形的变化。将电路的输入端与低频信号发生器连接（频率调至 1000 Hz 左右），输出端与示波器相联。电路的输入电压和其他参数保持不变，调节 RP 使三极管工作在接近饱和区和截止区两种情况下，观察示波器的输出波形（注：调 RP 时，若 I_c 增加，说明向饱和区靠近，若 I_c 减小，说明向截止区靠近）。

4. 实验报告要求

（1）记录实验用仪器仪表名称及型号。

（2）根据实验结果说明设置静态工作点的重要性。

（3）给出三极管工作在接近饱和区和截止区两种情况下的输出波形。

（4）在调整静态工作点的过程中，遇到了什么问题，你是怎样解决的。

实验 2　负反馈对放大器性能的影响

1. 实验目的

（1）了解负反馈对放大器性能的影响。

（2）了解交流负反馈对放大器放大倍数的稳定作用。

2. 实验电路

实验电路如图实-2 所示。

3. 实验步骤

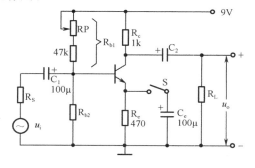

图实-2

（1）按图实-2 连接好电路，检查无误后，接通电源。

（2）将输入信号电压 U_i 调至零，调节 RP 值，保证电路在正常的静态工作点上工作，记下 U_{CE} 的值。用 β 值不同的三极管取代原三极管，再记下 U_{CE} 的值。

（3）接通输入电压 U_i，使 U_i 在 10mV 左右，分别记录下 C_e 断开和接通时的 U_o 值，填入表实-2-1。

（4）用 β 值不同的三极管取代原三极管，记录在 C_e 断开和接通时的 U_o 值，并填入表实-2-1。

表实-2-1

	U_{CEQ}（V）	U_o（V）		A	A_t	$\dfrac{\Delta A}{A}$	$\dfrac{\Delta A_t}{A_t}$
		S 断开	S 闭合				
VT_1							
VT_2							

4. 实验报告要求

（1）记录实验用仪器仪表名称、型号及实验时间。

（2）回答下列问题：

a. 比较 β 值不同情况下工作点的差别，说明直流负反馈对工作点的稳定作用。

b. 通过 C_e 的接通与断开说明交流负反馈对放大倍数的影响。

c. 比较不同 β 值情况下负反馈对电压放大倍数的影响，说明负反馈对电压放大倍数的稳定作用。

实验 3　差动放大电路的调试

1. 实验目的

（1）了解差动放大电路的结构特点及工作原理。
（2）掌握差动放大电路的调试方法。
（3）学习测量差动放大电路的电压放大倍数、共模抑制比的方法。
（4）观察零点漂移现象。

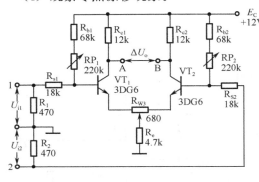

图实-3

2. 实验电路

实验电路如图实-3 所示。

图中的三极管 VT_1、VT_2 的参数要相同（直接影响实验效果）或者选择差动对管，如 S3DG6 等。

3. 实验步骤

（1）按实验图联接好电路，检查无误后可接通电源。

（2）调整好静态工作点。

将 1、2 两输入端分别与地短接后接通电源。调节 RP_1、RP_2 使 A、B 两点电位相等，即双端输出电压 $\triangle U_o = 0$（用万用表直流 10V 挡测量），然后测量各点电压并填入表实-3-1 中。

表实-3-1

	基极电位 U_b（V）	集电极电位 U_c（V）	单端输出（V）	输出 $\triangle U_o$（V）
VT_1			U_A	
VT_2			U_B	

（3）测量差模放大倍数。

在输入端 1、2 间输入 200mV、1kHz 的正弦波信号，信号发生器的地线与 2 相接，切不可与线路板的地相接。改变输入电压值，测量 $\triangle U_o$，填入表实-3-2 并计算 A_d。

表实-3-2

$\triangle U_i$（V）	0.2	0.4	0.6	0.8	1
$\triangle U_o$（V）					
$A_d = \dfrac{\triangle U_o}{\triangle U_i}$					

（4）测共模抑制比。

将 1、2 两端短接，在 1、2 两端与地之间输入 0.4V、1kHz 的正弦波共模信号，用数字电压表测出共模输出电压$\triangle U'_o$，根据公式$CMRR = A_d/A_c$计算出共模抑制比，其中A_c为共模放大倍数。将测量结果填入表实-3-3中。

表实-3-3

实测值			计算值		
输入方式	U_i（V）（f＝1kHz）	$\triangle U'_o$（V）（A、B之间）	$A_c = \dfrac{\triangle U'_o}{U_i}$	A_d（用表实-3-2中的结果）	$CMRR = \dfrac{A_d}{A_c}$
共模输入	0.4				

（5）在输入端不输入信号的情况下：

a. 将电源电压在±2V内变化，测量输出端A、B两点电位变化及$\triangle U_o$的变化。

b. 对晶体管VT_1加热，测量输出端A、B两点电位的变化及$\triangle U_o$的变化。

将上述两项的测量结果分别填入表实-3-4和表实-3-5中。

表实-3-4

测量值			计算值（以E_C为12V时的U_A、U_B做标准值）		
E_C（V）	U_A（V）	U_B（V）	$\triangle U_A = U'_A - U_A$（V）	$\triangle U_B = U'_B - U_B$（V）	$\triangle U_o$（V）
12	$U_A = U'_A =$（用表实3-1中结果）	$U_B = U'_B =$（同左）	0	0	0
10					
14					

表实-3-5

测量条件	U_A（V）	U_B（V）	$\triangle U_o$（mV）
给VT_1加热前（室温下）			0
给VT_1加热后（应加热到≥50°）			

4. 实验报告要求

（1）记录实验所用仪器、仪表的名称、型号及实验时间。

（2）根据实验结果，说明差动放大电路是怎样抑制零点漂移的。

（3）说明实验过程中遇到的问题及解决的办法。

实验4 乙类推挽功率放大电路的交越失真

1. 实验目的

（1）了解乙类推挽功率放大电路交越失真现象及其产生原因。

（2）掌握克服交越失真的原理及方法。

2. 实验电路

实验电路如图实-4所示。图中三极管VT_1、VT_2要求参数相同。

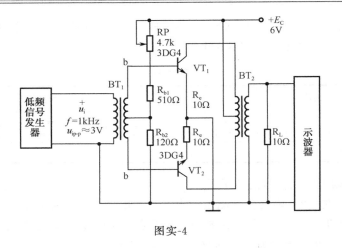

图实-4

3. 实验步骤

（1）按图实-4所示实验电路将电路安装好。

（2）调整静态工作点，使三极管处于零偏状态（工作在乙类）。断开信号源 U_i，在调整 RP 的同时，用万用表测三极管电压 U_{be}，当 $U_{be}=0$ 时停止调整 RP。

（3）接通信号源 U_i，观察并记录示波器显示的波形。

（4）轻轻调整 RP，当示波器上显示出正常波形时，停止调整 RP，观察并记录该波形。

（5）逐渐增大输入电压 U_i 的值，观察示波器上显示的输出电压波形，直到输出电压最大且不失真为止。测量此时的输出电压 U_{om} 及通过推挽管的平均电流 I_o，计算出最大不失真输出功率 P_{om}、电源供给的直流功率 P_E 和效率 η，填入表实-4-1 中。

表实-4-1

测量值			计算值		
U_{om} (V)	I_o (mA)	R_L (Ω)	$P_{om}=\dfrac{U_{om}^2}{R_L}$ (mW)	$P_E=I_o E_C$ (mW)	$\eta=\dfrac{P_{om}}{P_E}\times 100\%$

注：（1）将 BT_2 的中心抽头与 $+E_C$ 断开，串接直流电流表（可用万用表的直流电流档）测出 I_o。

（2）U_{om} 从示波器上直接读出。

4. 实验报告要求

（1）分析实验电路结构，指出元件 R_w、R_{b1}、R_{b2} 和 R_e 的作用。

（2）说明产生交越失真的原因。

（3）说明克服交越失真的原理及方法。

实验 5 OTL 功率放大电路

1. 实验目的

（1）了解 OTL 功率放大电路的工作和调试方法。

（2）了解自举电路的原理及作用。

2. 实验电路

实验电路如图实-5 所示。图中三极管 VT_2、VT_3 要求配对，即参数相同。

3. 实验步骤

（1）按图实-5 所示实验电路将电路安装好。

（2）调节 RP_1 使 A 点电位为 6V。

（3）在输入端 1、2 之间输入 1kHz 左右的正弦波信号。通过示波器观察 R_L 两端波形，调节 RP_2 至交越失真消失。

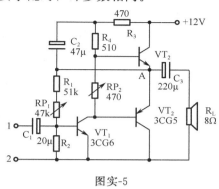

图实-5

（4）在输入端输入 1kHz 左右的正弦波信号，调节输入信号幅度使输出电压为 2V～3V，记下此数值。

用导线分别将 C_2、R_3 短路，再记下输出电压，从中观察自举的作用。

将测量结果填入表实-5-1 中。

表实-5-1

电路类型	U_i（mV）	U_o（V）	输出波形
带自举电路的 OTL 功率放大器			
不带自举电路的 OTL 功放（C_2、R_3 短路后）			

注：两种情况下，U_i 应保持一致。

4. 实验报告要求

（1）记录实验用仪器、仪表名称及型号。

（2）试分析实验中各元件的作用。

（3）说明 R_3 在自举电路中的作用。

实验 6　LC 正弦波振荡电路

1. 实验目的

（1）熟悉振荡电路的调整方法。

（2）了解静态工作点和反馈时振荡电路工作的影响，加深对振荡条件（振幅条件、相位条件）的理解。

2. 实验电路

实验电路如图实-6 所示。

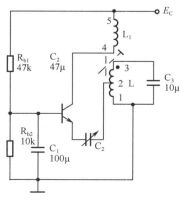

图实-6

3. 实验步骤

（1）按图连接好电路，检查无误后接通电源 E_C。

（2）将 4、5 两端与示波器相连，调整电路中的相应元件 R_{b1} 的数值使示波器上显示正弦波波形。

（3）调整可变电容器 C_2 使其容量加大，观察并记录示波器所显示的结果。

（4）使 4、5 两端位置互换，正反馈变为负反馈，观察并记录示波器上波形变化。

将以上波形填入表实-6-1 中。

表实-6-1

状　　态	输出波形
正常（正反馈状态、调 R_{b1} 使工作点合适）	
加大 C_2（增大正反馈量）	
4、5 两端互换（负反馈状态）	

4. 实验报告要求

（1）记录实验用仪器仪表的名称、型号及实验时间。

（2）用实验结果说明静态工作点和反馈对振荡电路工作的影响。

（3）在实验过程中遇到了哪些问题，写出你是如何分析、判断、解决的。

实验 7　串联型直流稳压电源

1. 实验目的

（1）熟悉串联型直流稳压电源工作原理。

（2）了解串联型直流稳压电源的基本性能。

2. 实验电路

实验电路如图实-7 所示。

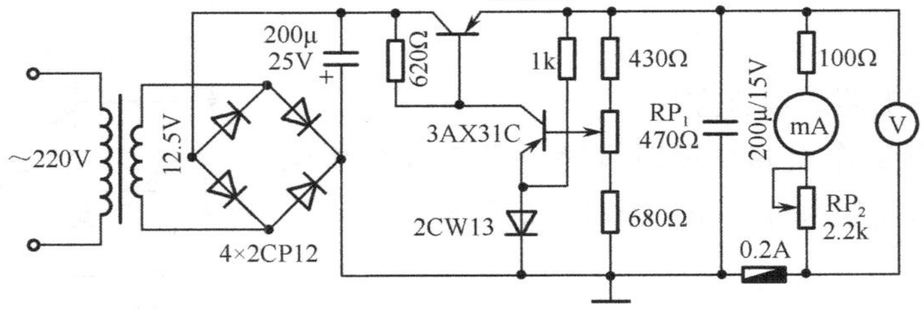

图实-7

3. 实验步骤

（1）按图实-7连接好电路。自行检查无误，经指导教师同意后可接通电源进行实验。

（2）接通电源后，先测稳压电路是否有输出。在有输出的情况下，调整 RP_1（470Ω 电位器），看输出是否随之变化，若无输出或输出不随 RP_1 的改变而改变，则接线有误。

（3）将 RP_1 调至最小值与最大值，测量输出电压的可调范围，将结果记录表实-7-1 中。

表实-7-1

RP_1	RP_1 调到最上端	RP_1 调到最下端
U_o（V）		

（4）调节 RP_2（2.2k 电位器），改变负载电流，将输出电压变化的结果记录表 7-2 中。

表实-7-2

I_D	5（mA）	25（mA）	35（mA）	50（mA）
U_o				

4. 实验报告要求

（1）记录实验用仪器仪表的名称、型号及实验时间。

（2）试分析稳压电路负载变化时的稳定作用。

（3）如果无输出电压或输出电压不可调，试说明其原因及解决问题的办法。

（4）说明实验中遇到的问题及解决办法。

附录 A　国产半导体器件型号命名方法及示例

1. 型号组成部分的符号及意义

附表 1-1

第一部分		第二部分		第三部分		第四部分	第五部分
用数字表示器件的电极数目		用汉语拼音字母表示器件的材料和极性		用汉语拼音字母表示器件类型		用数字表示器件序号	用汉语拼音字母表示规格号
符号	意义	符号	意义	符号	意义	意义	意义
2	二极管	A	N 型锗材料	P	普通管		
3	三极管	B	P 型锗材料	V	微波管		
		C	N 型硅材料	W	稳压管		
		D	P 型硅材料	C	参量管		
		A	PNP 型锗材料	Z	整流管		
		B	NPN 型锗材料	L	整流堆		
		C	PNP 型硅材料	S	隧道管		
		D	NPN 型硅材料	N	阻尼管		
		E	化合物材料	U	光电器件		
				K	开关管		
				X	低频小功率管 ($f_a<3\mathrm{MHz}$, $P_C<1\mathrm{W}$)	如一、二、三部分相同，仅此部分不同，则表示同类型管在某些性能上有差别	
				G	高频小功率管 ($f_a\geqslant3\mathrm{MHz}$, $P_C<1\mathrm{W}$)		
				D	低频大功率管 ($f_a<3\mathrm{MHz}$, $P_C\geqslant1\mathrm{W}$)		
				A	高频大功率管 ($f_a\geqslant3\mathrm{MHz}$, $P_C\geqslant1\mathrm{W}$)		
				T	可控整流器		
				Y	体效应器件		
				B	雪崩管		
				J	阶跃恢复管		
				CS	场效应器件		
				BT	半导体特殊器件		
				FH	复合管		
				PIN	PIN 型管		
				JG	激光器件		

2. 半导体器件型号的组成及示例

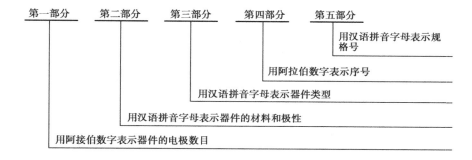

例 1 锗普通二极管

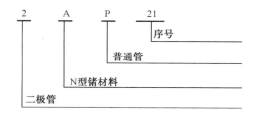

例 2 硅整流二极管

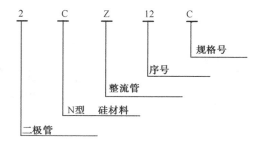

例 3 硅 NPN 型高频小功率三极管

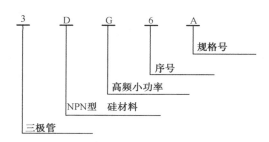

附录 B　常用半导体器件参数选录

1. 半导体二极管

（1）2AP 型锗二极管部分型号和主要参数：　　　　　　　　　　　　　附表 2-1

型　　号	最大整流电流 （毫安）	最高反向工作电压峰值 （伏）	反向击穿电压 （伏）	最高工作频率 （兆赫）
2AP1	16	20	40	
2AP2	16	30	45	
2AP3	25	30	45	
2AP4	16	50	75	150
2AP5	16	75	110	
2AP6	12	100	150	
2AP7	12	100	150	
2AP9	5	15	20	
2AP10	5	30	40	100
2AP11	25	10		
2AP12	40	10		
2AP13	20	30		
2AP14	30	30		40
2AP15	30	30		
2AP16	20	50		
2AP17	15	100		
2AP21	50	10	15	
2AP22	16	30	45	
2AP23	25	40	60	
2AP24	16	50	100	
2AP25	16	50	100	100
2AP26	16	100	150	
2AP27	8	150	200	
2AP28	16	100	150	

（2）2CP 型硅二极管部分型号和主要参数：　　　　　　　　　　　　　附表 2-2

型　　号	最大整流电流 （毫安）	最高反向工作电压峰值 （伏）	最大整流电流时 正向压降（伏）	最高工作频率 （千赫）
2CP1	500	100	≤1	
2CP2	500	200	≤1	3
2CP3	500	300	≤1	
2CP4	500	400	≤1	
2CP10	100	25	≤1.5	
2CP11	100	50	≤1.5	
2CP12	100	100	≤1.5	
2CP13	100	150	≤1.5	
2CP14	100	200	≤1.5	
2CP15	100	250	≤1.5	50
2CP16	100	300	≤1.5	
2CP17	100	350	≤1.5	
2CP18	100	400	≤1.5	
2CP19	100	500	≤1.5	
2CP20	100	600	≤1.5	
2CP21	300	100	≤1.2	
2CP25	300	500	≤1.2	
2CP28	300	800	≤1.2	

（3）2CZ 型硅二极管部分型号和主要参数： 附表 2-3

型　号	最大整流电流 （安）	最高反向工作电压 （伏）	最大整流电流时 正向压降（伏）	铝散热片 （毫米）
2CZ11A	1	100	≤1	
2CZ11B	1	200	≤1	
2CZ11C	1	300	≤1	
2CZ11D	1	400	≤1	60×60×1.5
2CZ11E	1	500	≤1	
2CZ11F	1	600	≤1	
2CZ11G	1	700	≤1	
2CZ11H	1	800	≤1	
2CZ12A	3	100	≤0.8	
2CZ12B	3	200	≤0.8	
2CZ12C	3	300	≤0.8	
2CZ12D	3	400	≤0.8	80×80×1.5
2CZ12E	3	500	≤0.8	
2CZ12F	3	600	≤0.8	
2CZ12G	3	700	≤0.8	
2CZ13E	5	500	≤0.8	
2CZ13F	5	600	≤0.8	80×80×1.5
2CZ13G	5	700	≤0.8	
2CZ14D	10	400	≤0.8	
2CZ14E	10	500	≤0.8	160×160×1.5
2CZ14F	10	600	≤0.8	

（4）2CW 型硅稳压二极管部分型号和主要参数： 附表 2-4

型　号	稳定电压 （伏）	稳定电流 （毫安）	最大稳定电流 （毫安）	动态电阻 （欧）	电压温度系数 （％/℃）
2CW1	7～8.5	5	29	≤6	≤0.07
2CW2	8～9.5	5	26	≤10	≤0.08
2CW3	9～10.5	5	23	≤12	≤0.09
2CW4	10～12	5	20	≤15	≤0.095
2CW5	11.5～14	5	17	≤18	≤0.095
2CW11	3～4.5	10	55	≤70	−0.05～0.03
2CW12	4～5.5	10	45	≤50	−0.04～0.04
2CW13	5～6.5	10	38	≤30	−0.03～0.05
2CW14	6～7.5	10	33	≤10	0.01～0.07
2CW15	7～8.5	10	29	≤10	0.01～0.08
2CW16	8～9.5	10	26	≤10	0.01～0.08
2CW17	9～10.5	5	23	≤20	0.01～0.09
2CW18	10～12	5	20	≤25	0.01～0.09
2CW19	11.5～14	5	17	≤35	0.01～0.09
2CW20	13.5～17	5	14	≤45	0.01～0.09
2CW23A	17～22	4	9	≤80	≤0.085
2CW23B	20～27	4	7.5	≤100	≤0.09
2CW23C	25～34	3	6	≤130	≤0.095
2CW23D	31～40	3	5	≤150	≤0.098
2CW23E	37～49	3	4	≤180	≤0.1
2CW21	3～4.5	30	200	≤40	−0.05～0.03
2CW21A	4～5.5	30	180	≤30	−0.04～0.04
2CW21B	5～6.5	30	150	≤15	−0.03～0.05
2CW21C	6～7.5	30	130	≤7	0.06
2CW21D	7～8.5	30	115	≤5	0.07

（5）2DW 型硅稳压管部分型号和主要参数： 附表 2-5

型　号	稳 定 电 压 （伏）	稳定电流 （毫安）	最大稳定电流 （毫安）	动态电阻 （欧）	电压温度系数 （%/℃）
2DW1	7	30	170	≤3.5	0.02
2DW2	8	30	150	≤3.5	0.02
2DW3	9	30	135	≤4	0.02
2DW4	10	30	120	≤4	0.03
2DW5	11	30	100	≤5	0.03
2DW6	12	30	90	≤5	0.03
2DW7A	5.9～6.5	10	30	≤25	0.005
2DW7B	5.9～6.5	10	30	≤15	0.005
2DW7C	6.0～6.3	10	30	≤10	0.0005
2DW8A	5～6	10	30	≤25	＜|0.08|
2DW8B	5～6	10	30	≤15	＜|0.08|
2DW8C	5～6	10	30	≤10	＜|0.08|
2DW12A	5～6.5	10		≤30	−0.03～0.05
2DW12B	6～7.5	10		≤10	0.01～0.07
2DW12C	7～8.5	10		≤10	0.01～0.08
2DW12D	8～9.5	10		≤10	0.01～0.08
2DW12E	9～11.5	5		≤20	0.01～0.09
2DW12F	11～13.5	5		≤25	0.01～0.09
2DW12G	12～16.5	5		≤35	0.01～0.09
2DW12H	16～20.5	5		≤45	0.01～0.1
2DW12I	20～24.5	5		≤60	0.01～0.1

2. 半导体三极管

（1）3DG 型高频小功率硅管部分型号和主要参数： 附表 2-6

型　号	集电极最 大耗散功 率 P_{CM} （毫瓦）	集电极最 大允许电 流 I_{CM} （毫安）	反向击穿电压			集—基反向 饱和电流 I_{cbo} （微安）	共发射极 电流放大 系数 β	特征频率 f_T （兆赫）
			集—基 BV_{cbo} （伏）	集—射 BV_{ceo} （伏）	射—基 BV_{cbo} （伏）			
3DG4A	300	30	≤40	≥30	≥4	≤1	20～180	≥200
3DG4B	300	30	≥20	≥15	≥4	≤1	20～180	≥200
3DG4C	300	30	≥40	≥30	≥4	≤1	20～180	≥200
3DG4D	300	30	≥20	≥15	≥4	≤1	20～180	≥300
3DG4E	300	30	≥40	≥30	≥4	≤1	20～180	≥300
3DG4F	300	30	≥20	≥15	≥4	≤1	20～250	≥150
3DG6A	100	20	30	15	4	≤0.1	10～200	≥100
3DG6B	100	20	45	20	4	≤0.01	20～200	≥150
3DG6C	100	20	45	20	4	≤0.01	20～200	≥250
3DG6D	100	20	45	30	4	≤0.01	20～200	≥150
3DG8A	200	20	15	15	3	≤1	≥10	100
3DG8B	200	20	40	25	4	≤0.1	≥20	150
3DG8C	200	20	40	25	4	≤0.1	≥20	250
3DG8D	200	20	60	60	4	≤0.1	≥20	150
3DG12	700	300	20	15	4	≤10	20～200	100
3DG12A	700	300	40	30	4	≤1	20～200	100
3DG12B	700	300	60	40	4	≤1	20～200	200
3DG12C	700	300	40	30	4	≤1	20～200	300

（2）3DG4、3DG6、3DG8、3DG12 的 β 按下列范围分挡：　　　　　　　　　附表 2-7

管 顶 颜 色	红	黄	绿	蓝	白	不标颜色
β 范围	10～30	30～60	60～100	100～150	150～200	＞200

（3）3AX 型低频小功率锗管部分型号和主要参数：　　　　　　　　　　　　　附表 2-8

型 号	集电极最大耗散功率 P_{CM}（毫瓦）	集电极最大允许电流 I_{CM}（毫安）	反向击穿电压 集—基 BV_{cbo}（伏）	反向击穿电压 集—射 BV_{ceo}（伏）	反向击穿电压 射—基 BV_{ebo}（伏）	反向饱和电流 集—基 I_{cbo}（微安）	反向饱和电流 集—射 I_{ceo}（微安）	共发射极电流放大系数 β	最高允许结温度 T_{iM}（℃）
3AX21	100	30	≥30	≥12	≥12	≤12	≤325	30～85	75
3AX22	125	100	≥30	≥18	≥18	≤12	≤300	40～150	75
3AX23	100	30	≥30	≥12	≥12	≤12	≤550	30～150	75
3AX24	100	30	≥30	≥12	≥12	≤12	≤550	65～150	75
3AX31A	125	125	≥20	≥12	≥10	≤20	≤1000	30～200	75
3AX31B	125	125	≥30	≥18	≥10	≤10	≤750	50～150	75
3AX31C	125	125	≥40	≥25	≥10	≤6	≤500	50～150	75
3AX31D	100	30	≥12	≥12	≥12	≤12	≤750	50～150	75
3AX31E	100	30	≥30	≥12	≥10	≤12	≤500	20～80	75
3AA45A (3XX81A)	200	200	20	10	7	≤30	≤1000	20～250	75
3AA45B (3XX81B)	200	200	30	15	10	≤15	≤750	40～200	75
3AA45C (3XX81C)	200	200	20	10	7	≤30	≤1000	30～250	75

（4）3AX21～24、3AX31、3AX45 的 β 按下列范围分挡：　　　　　　　　　附表 2-9

型号 ＼ 管顶颜色	红	橙	黄	绿	蓝	紫	灰	白	黑
3AX21～24	20～35		35～50	50～65	65～85	85～115			115～200
3AX31	20×25	30×40	40～50	50～65	65～85	85～115	115～150	150～200	
3AX45	20～30	30～40	40～50	50～65	65～85	85～115		＞115	

（5）3AD 型低频大功率锗管部分型号和主要参数：　　　　　　　　　　　　　附表 2-10

型 号	集电极最大耗散功率 P_{CM}（瓦）	集电极最大允许电流 I_{CM}（安）	反向击穿电压 集—基 BV_{cbo}（伏）	反向击穿电压 集—射 BV_{ceo}（伏）	反向击穿电压 射—基 BV_{ebo}（伏）	集—基反向饱和电流 I_{cbo}（微安）	共发射极电流放大系数 β	最高允许结温度 T_{iM}（℃）
3AD6A	1	2	50	18	20	≤400	≥12	90
3AD6B	加 120×120×4 毫米³ 散热片	2	60	24	20	≤300	≥12	90
3AD6C	10	2	70	30	20	≤300	≥12	90
3AD30A	2	4	50	12	20	≤500	12～100	85
3AD30B	加 200×200×4 毫米³ 散热片	4	60	18	20	≤500	12～100	85
3AD30C	10	4	70	24	20	≤500	12～100	85

（6）3AD6、3AD30 的 β 按下列范围分挡：　　　　　　　　　附表 2-11

管 顶 颜 色	棕	红	橙	黄	绿	蓝	紫
β 范围	12～20	20～30	30～40	40～50	50～65	65～85	85～100

4. 3DD 型低频大功率硅管部分型号和主要参数：　　　　　　　附表 2-12

型　号	集电极最大耗散功率 P_{CM}（瓦）加散热片	集电极最大允许电流 I_{CM}（安）	反向击穿电压			集—基反向饱和电流 I_{cbo}（微安）	共发射极电流放大系数 β (h_{fe})	最高允许结温度 T_{iM}（℃）
			集—基 BV_{cbo}（伏）	集—射 BV_{ceo}（伏）	射—基 BV_{ebo}（伏）			
3DD1A	1	0.3	≥35	≥15		<15	≥12	150
3DD1B	1	0.3	≥35	≥30		<15	12～25	150
3DD1C	1	0.3	≥35	≥30		<15	25～35	150
3DD1D	1	0.5	≥35	≥30		<15	≥35	150
3DD1E	1	0.3	≥35	≥30		<15	≥20	150
3DD6A	50	5		30	≥4	≤500	≥10	175
3DD6B	50	5		45	≥4	≤500	≥10	175
3DD6C	50	5		60	≥4	≤500	≥10	175
3DD6D	50	5		80	≥4	≤500	≥10	175
3DD6E	50	5		100	≥4	≤500	≥10	175

附录 C　　国产集成运算放大器型号组成及主要参数

1. 型号组成各部分的符号及意义

附表 3-1

第⊗部分		第一部分		第二部分		第三部分		第四部分	
用字母表示器件符合国家标准		用字母表示器件的类型		用数字表示器件的系列和品种代号		用字母表示器件的工作温度范围		用字母表示器件的封装	
符号	意　义	符号	意　义	符号	意　义	符号	意　义	符号	意　义
C	中国制造	F	线性放大器			C	0～70℃	W	陶瓷偏平
						E	−40～85℃	B	塑料扁平
						R	−55～85℃	F	全密封偏平
						M	−55～125℃	D	陶瓷直插
						…		P	塑料直插
						…		J	黑陶瓷直插
								K	金属菱形
								T	金属园形

示例：

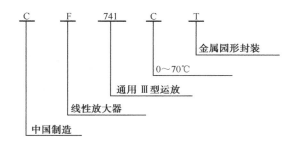

2. 几种集成运放的主要参数

参数名称		符号	单位	型			号		
				CF741	F253	5G28 高输入阻抗	FC72	F715	BG315
				通用	低功耗	高输入阻抗	低漂移	高速	高压
静态特性	输入失调电压	U_{IO}	mV	＜2～10	1	10	≤1～5	2	≤10
	输入失调电流	I_{IO}	nA	≤100～300	4		≤5～20	70	≤200
	输入偏置电流	I_{IB}	nA	80				400	
	输入失调电压温漂	$\dfrac{dU_{IO}}{dT}$	μV/℃	20	3				10
	输入失调电流温漂	$\dfrac{dI_{IO}}{dT}$	nA/℃	1					0.5
差模特性	开环差模电压增益	A_{μ}	dB	＞86～94	90～110	86	＞110～120	90	≥90
	输入电阻	r_i	MΩ	1	6	10^4		1	0.5
	输出电阻	r_o	Ω	200				75	500
	开环带宽	f_{BW}	Hz	7					
	最大差模输入电压	U_{idmax}	V	±30	±30	±15			
共模特性	共模抑制比	$CMRR$	dB	＞70～80	100	80	≥120	92	≥80
	最大共模输入电压	U_{icmax}	V	±12	±15	±10	±10	±12	≥40～64
转换速率		S_R	V/μs				20	70	2
电源电压		$+U_{CC}$ $-U_{EE}$	V	±9～±18	±3～±18	±16		±15	48～72
静态功耗		P_a	mW	≤120	≤0.6	100	＜120	165	
部标型号				F007	F011	F076	F030	F715	BG315

3. 集成运放型号对照表

类　　别		部标型号	国标（草案）	国外同类型号
通用型	Ⅰ	F001		μA702 μP051 LM702
		F002	CF702	
	Ⅱ	F004		BE809
		F003		μA709 μPC55 LM709
		F005	CF709	
		其他		
	Ⅲ	F006		μA741
		F007	CF741	TA7504
		F008		LM741
		其他	OF101	LM101
专用型	低功耗型	F010		
		F011	CF253	μPC253
		F012		
		F013		
		其他		
	高精度型	F030		AD508
		F031		
		F032		
		F033	CF725	μA725
		F034		
	高速型	F050		μA772
		F051		
		F052	CF118	LM118
		F054		
		F055	CF715	μA715
		其他		μA715
	宽带型	F733		
		其他		

反侵权盗版声明

　　电子工业出版社依法对本作品享有专有出版权。任何未经权利人书面许可，复制、销售或通过信息网络传播本作品的行为，歪曲、篡改、剽窃本作品的行为，均违反《中华人民共和国著作权法》，其行为人应承担相应的民事责任和行政责任，构成犯罪的，将被依法追究刑事责任。

　　为了维护市场秩序，保护权利人的合法权益，我社将依法查处和打击侵权盗版的单位和个人。欢迎社会各界人士积极举报侵权盗版行为，本社将奖励举报有功人员，并保证举报人的信息不被泄露。

　　举报电话：（010）88254396；（010）88258888

　　传　　真：（010）88254397

　　E-mail：　dbqq@phei.com.cn

　　通信地址：北京市海淀区万寿路 173 信箱

　　　　　　　电子工业出版社总编办公室

　　邮　　编：100036